詛咒
我們要把它變成一座可怕的旋轉迷宮！
的樣式每天都會
！若不能把彈珠
到出口，10日後
就會被摧毀！
摩天輪彈珠迷宮
Maze

方法二

1

在紙上畫出所有障礙。

2

畫上從入口到出口的路線。

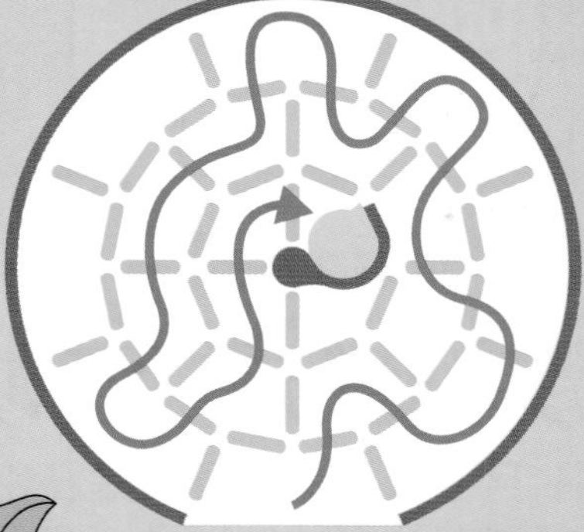

3

擦走路線上的障礙使其成立。

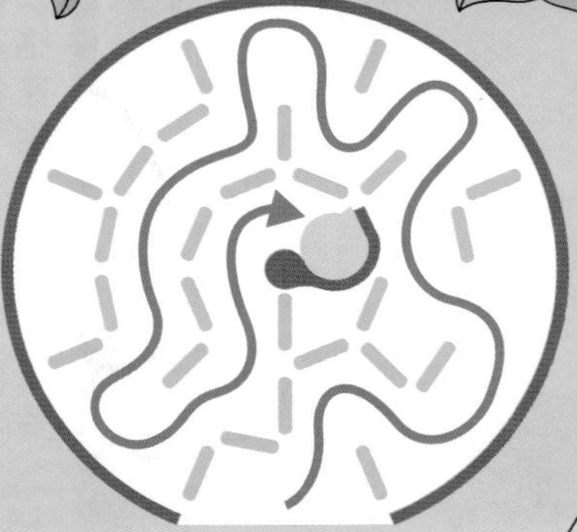

最後把自己設計的迷宮用欄板拼砌出來。

進階玩法

另類玩法

1 用欄板砌出其中一款迷宮。

較易

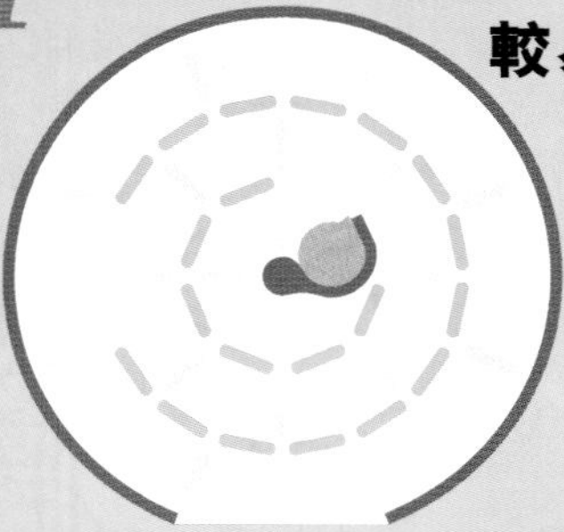

2 水平放置迷宮，把 2 顆彈珠放到外圈。

把入口移離彈珠口，
以免彈珠掉落。
彈珠口

3 蓋上透明蓋子，傾側迷宮，設法把 2 顆彈珠同時移至出口。

較難

養尊處優的豬（Pigs in Clover）

此玩法的靈感來自一款名為「養尊處優的豬」的玩具，它在 1889 年由一位美國人發明，「豬」就是彈珠。

玩家要把 3 至 4 顆彈珠同時移動到中間，或把每顆彈珠分別移到不同的內圈。

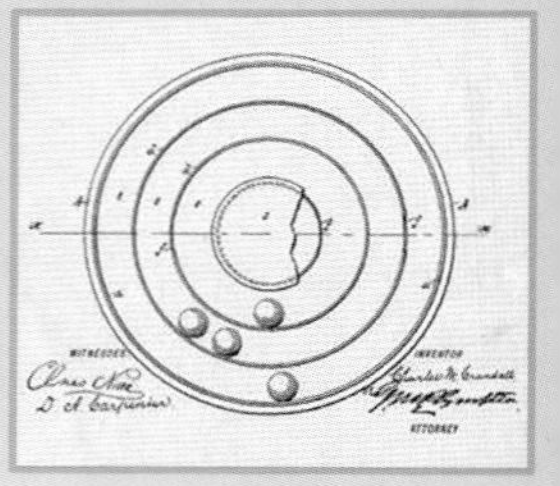

其他迷宮玩具

另一款相關玩具就是秘密盒（Puzzle Box），由藏有暗格的傢具和珠寶箱演變而成，須破解機關才能開啟。最早出現於 19 世紀的英國，具娛樂用途。

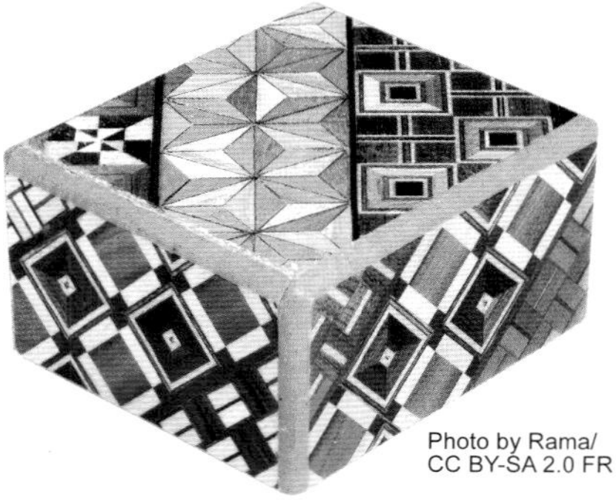

Photo by Rama/
CC BY-SA 2.0 FR

▲其形式多樣，如日本的秘密盒須正確滑動盒面的拼圖才能打開。

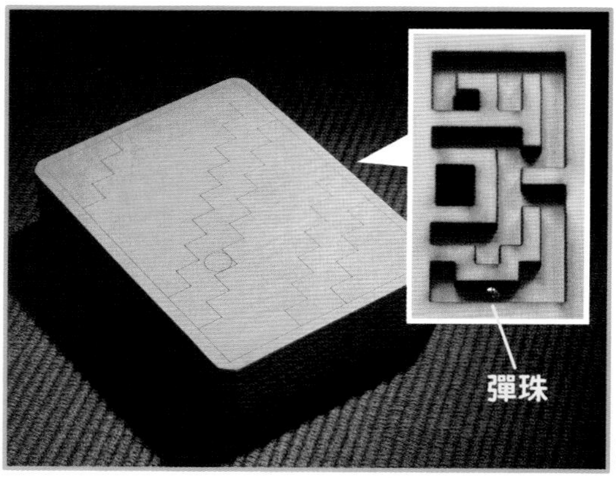

◀這木盒內藏迷宮，須在眼睛看不到迷宮路徑的情況下，把彈珠移動到出口才可開啟。

除了瞎猜，還可搖晃盒子，憑彈珠滾動的聲音推測通道的長短，從而勾劃出整個迷宮的模樣，能提升解謎及推理能力。

Photo by matthew venn/
CC BY-SA 2.0

成功了！
你真厲害！

那 2 個邪惡的女巫，把我的 Labyrinth 變成了恐怖的 Maze！
啊？那有甚麼分別？

迷宮的種類

雖然 Labyrinth 和 Maze 的中文解釋都是迷宮，但兩者是不同的！

Labyrinth（魔幻迷宮）

只有一條路徑到達中心，故又稱一筆劃型迷宮。這種迷宮井然有序，並沒有使人迷路的意圖。

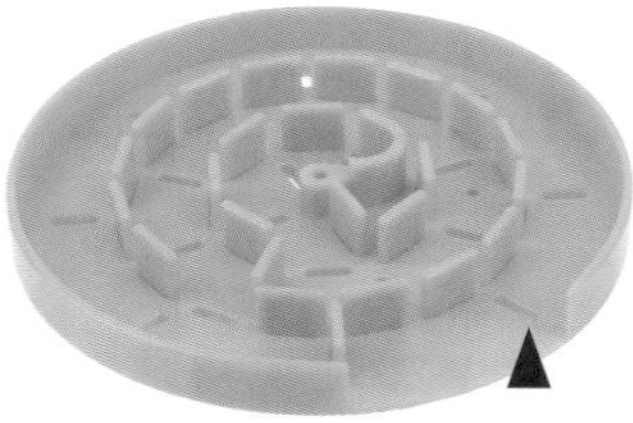

Maze（迷宮）

又稱多筆劃型迷宮，有多於一條路徑到達出口，有時會有數個入口，使人們易在眾多分岔路口中迷失方向。

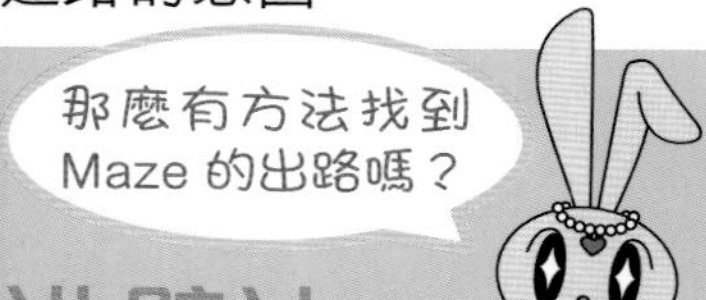

那麼有方法找到 Maze 的出路嗎？

走出迷宮之法

沿壁法

一直緊貼左側或右側牆壁走，雖不是最短路程，但最終都會抵達出口，又名左手（或右手）法則。

沿右側牆壁走
試試看吧！
真的可行呢！
咦？如果我沿右側牆壁走，就只能回到入口啊！
沒錯，這方法是有弱點的！

成功條件：連接出口的牆壁必須與外圍相連。

一般而言，這法則適用於入口和出口皆在外圍的迷宮。

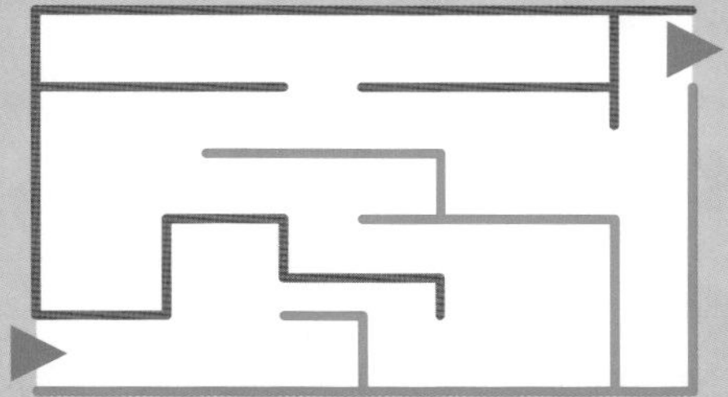

從顏色區分相連的牆壁，便會發現所有牆壁都與外圍連接，只要沿其中一側的牆壁走，就能到達出口。

若出口設於中央（教材迷宮除外）的則有機會不能使用這法則，如右圖的迷宮。

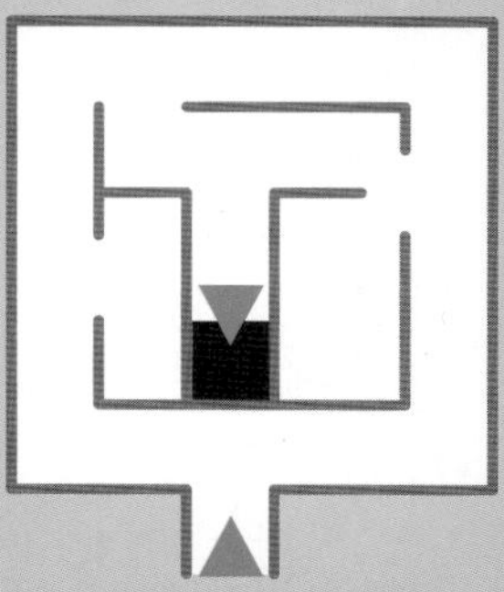

連接出口的牆壁並沒有與外圍連接。

還有其他方法
找出路徑嗎？

Trémaux 演算法

由法國數學家 Charles Pierre Trémaux 發明，適用於任何迷宮，以畫記號的方法探索新路徑和避免重複走舊路。

規則 經過分岔路口時

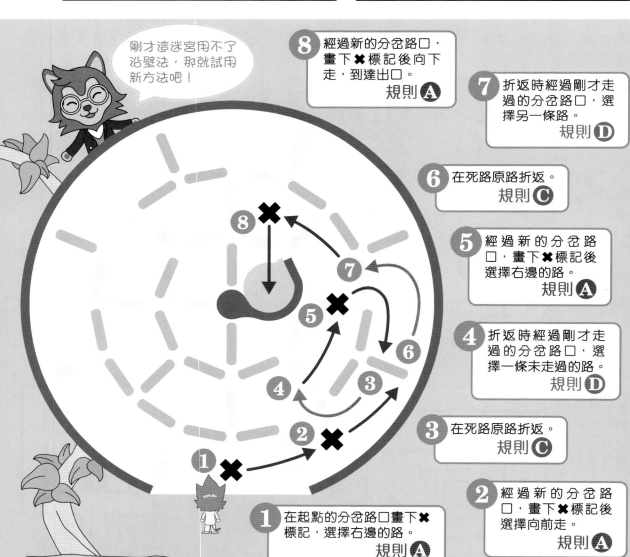

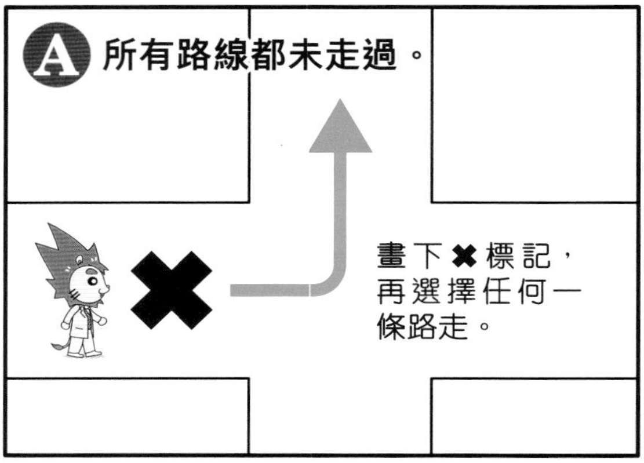
A 所有路線都未走過。
畫下✖標記，再選擇任何一條路走。

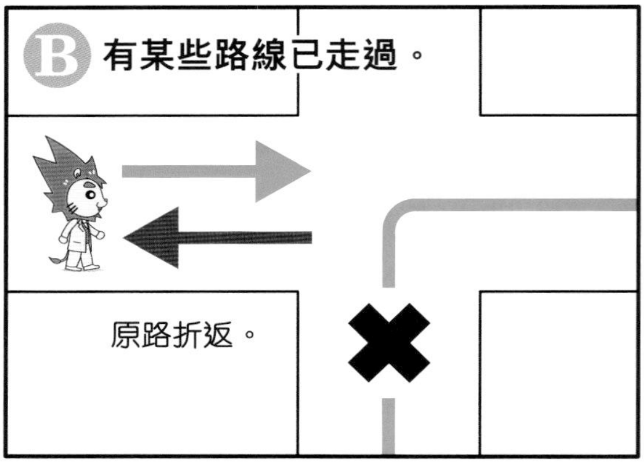
B 有某些路線已走過。
原路折返。

剛才這迷宮用不了沿壁法，那就試用新方法吧！
8
7
5
6
4
3
2
1

1 在起點的分岔路口畫下✖標記，選擇右邊的路。 規則A

2 經過新的分岔路口，畫下✖標記後選擇向前走。 規則A

3 在死路原路折返。 規則C

4 折返時經過剛才走過的分岔路口，選擇一條未走過的路。 規則D

5 經過新的分岔路口，畫下✖標記後選擇右邊的路。 規則A

6 在死路原路折返。 規則C

7 折返時經過剛才走過的分岔路口，選擇另一條路。 規則D

8 經過新的分岔路口，畫下✖標記後向下走，到達出口。 規則A

C 經過死路時原路折返。

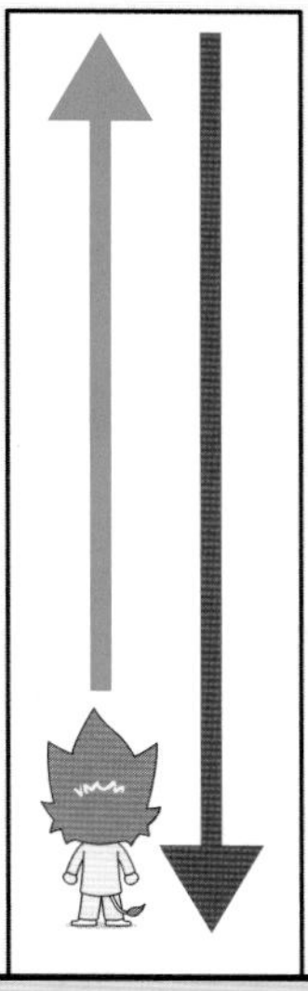

原路折返時

D 經過新分岔路口或某些路線已走過的分岔路口。

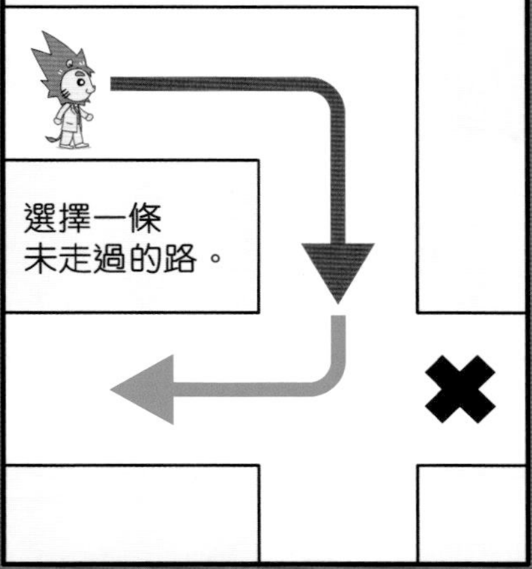

選擇一條未走過的路。

E 經過所有路線已走過的分岔路口。

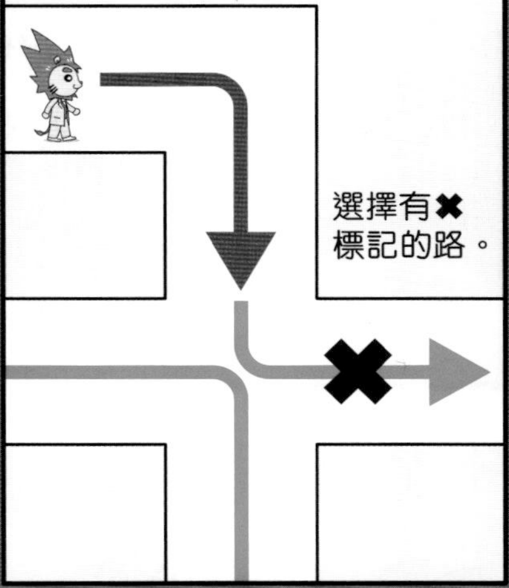

選擇有✖標記的路。

再用此法找出這個迷宮的出口吧！
可在圖上繪畫出路線。

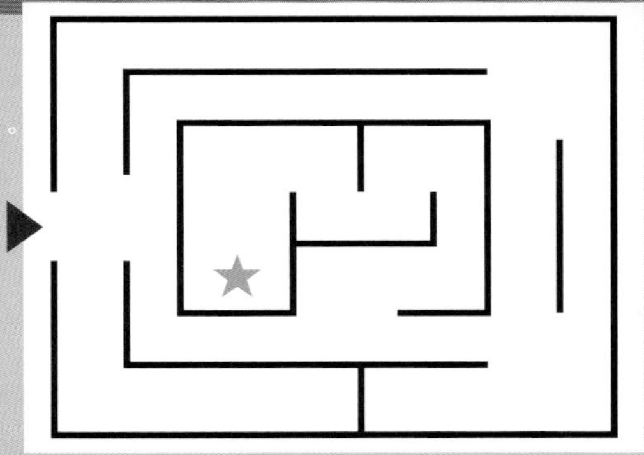

以下是其中一個做法。

1 在起點的分岔路口畫下✖標記，選擇上方的路。 規則A

2 **3** 經過新的分岔路口，畫下✖標記後選擇右邊及下方的路。 規則A

4 在死路原路折返。 規則C

5 折返時經過分岔路口，選擇一條未走過的路。 規則D

6 經過新的分岔路口，畫下✖標記後直走。 規則A

7 經過分岔路口，發現其中一條路已走過，遂折返。 規則B

8 折返時經過剛才的分岔路口，選擇左邊的路。 規則D

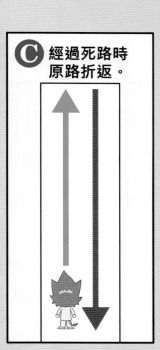

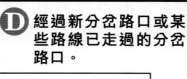

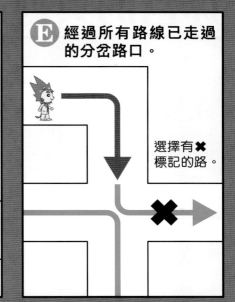

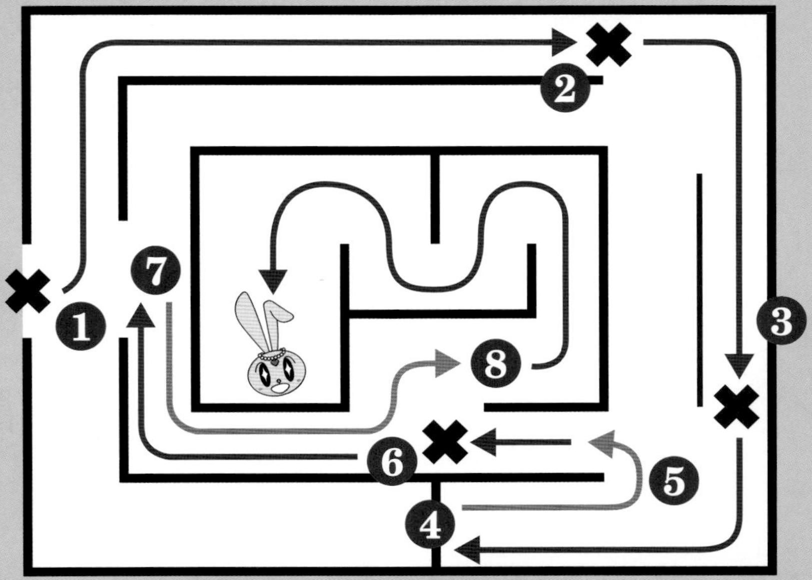

1
2
3
4
5
6
7
8

迷宮的其他研究與應用

在迷宮行走的路線，令人想到以下的圖案。
你們可一筆過把它們畫出來嗎？
但這個卻不行呢……
這個可以啊！

其實答案跟數學有關！來看看數學家的研究吧！

七橋定理

在中世紀的某個德國城市，河中心的兩個小島與兩邊河岸有 7 條橋連接。

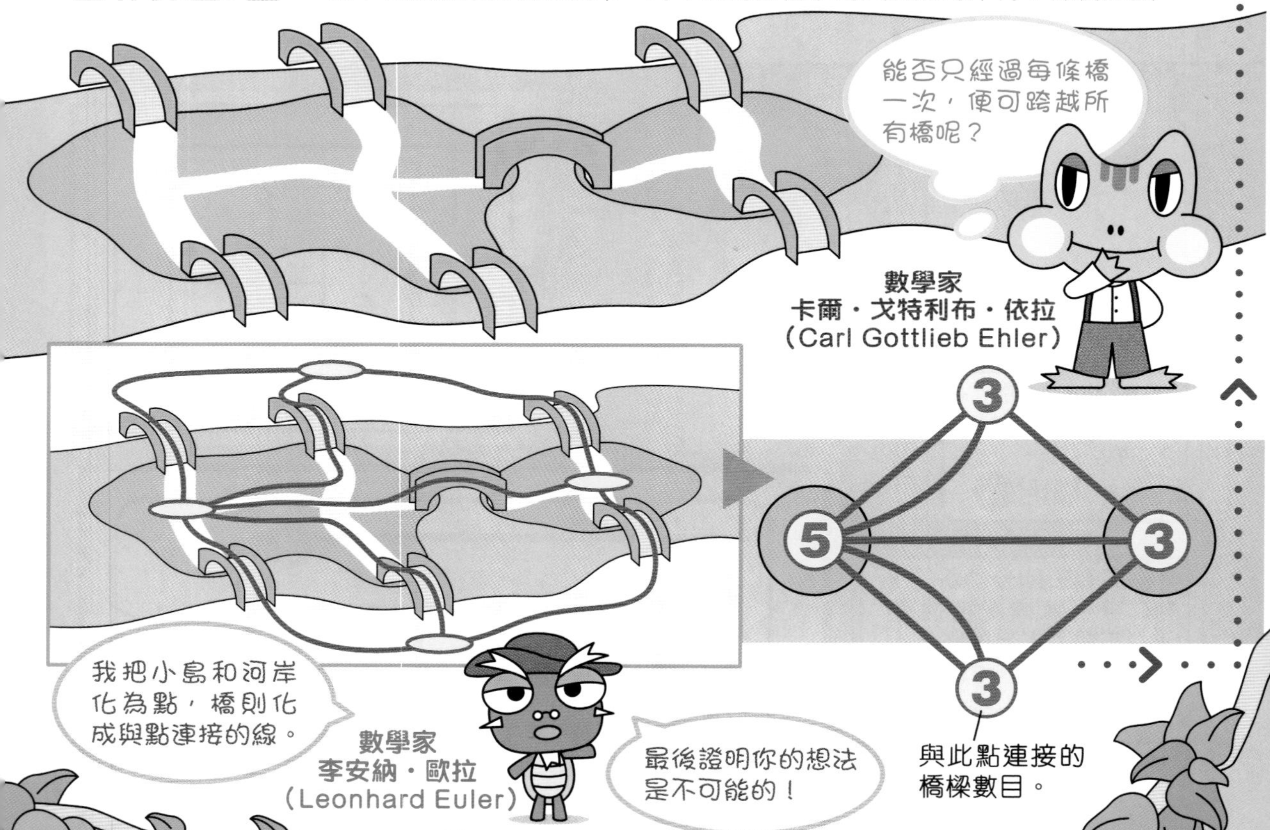

能否只經過每條橋一次，便可跨越所有橋呢？
數學家
卡爾・戈特利布・依拉
(Carl Gottlieb Ehler)
3
5
3
3
與此點連接的橋樑數目。
我把小島和河岸化為點，橋則化成與點連接的線。
數學家
李安納・歐拉
(Leonhard Euler)
最後證明你的想法是不可能的！

掃地機械人的清潔路線

掃地機械人利用同步地位與地圖構造，以全方位視野影像、雷射測距或影像傳感等方式掃描出房間的平面圖。

接着，它會找出最佳清潔路線，猶如在迷宮尋找最快到達出口的方法，使效率大大提高。

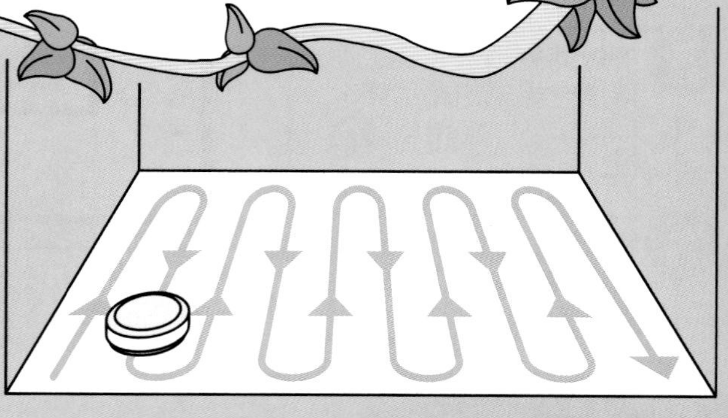

▲行人若跨越某座橋到達小島或河岸，就必須經另一座橋離開。

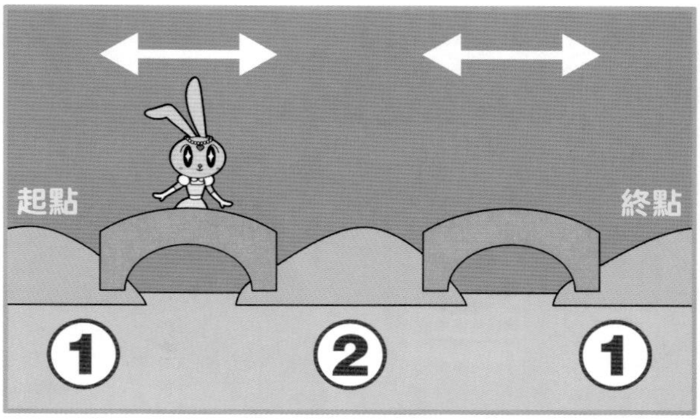

▲因此，除了起點和終點，連接其他點的橋樑數目必須成對，亦即偶數。

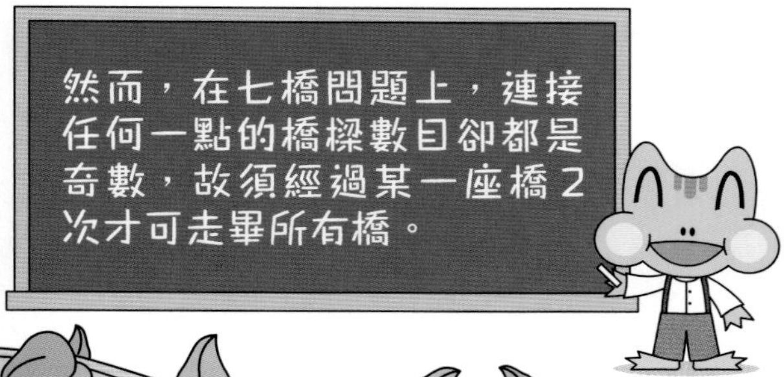

然而，在七橋問題上，連接任何一點的橋樑數目卻都是奇數，故須經過某一座橋 2 次才可走畢所有橋。

迷宮般的社區規劃

某些地區的平面結構讓人容易迷路，在建築學上被界定為具「迷宮性」。

「迷宮性」以「可理解度」作為指標。若該地的景物在某處看起來很近，卻要走複雜的路線甚或難以抵達，就被視為可理解度低。這指標讓建築師得以改善社區設計，令人們更易到達各處，提升生活質素。

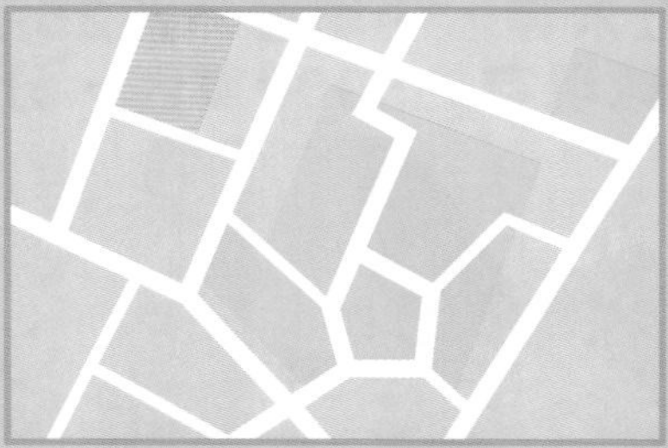

▲不具「迷宮性」的地區有清晰的路線連接各地，使人容易辨別方向。

▶倫敦巴比肯屋村具「迷宮性」，故地上印了黃線以引領遊客前往不同地方。

Photo by Bob Bob/CC BY 2.0

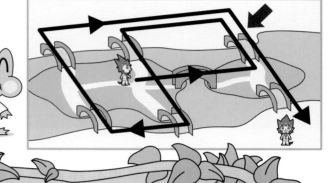

10 日後……
你拯救了莊園！
太好了！

迷宮真有趣，不如你多建幾座這樣的迷宮給我們玩吧！
GO!

海豚哥哥自然教室

擅長奔跑的馬

動物

環保生態協會 Eco Association

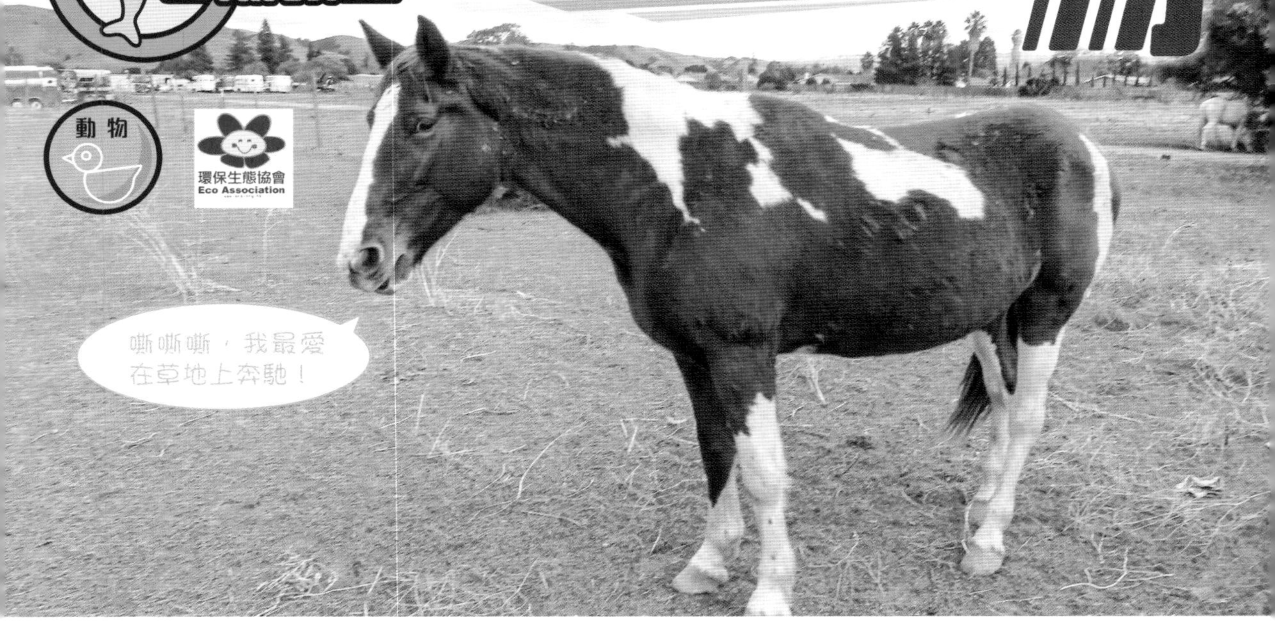
嘶嘶嘶，我最愛
在草地上奔馳！

©海豚哥哥Thomas Tue

馬（Horse，學名：*Equus ferus caballus*），是馬科奇蹄目哺乳類動物，常見的顏色有白色、棕色和深灰色。牠們喜歡在草原上棲息，愛吃紅蘿蔔、蘋果、牧草、玉米等，平均壽命達25至30歲。牠們被人類馴養已超過6000多年，估計全球現存約5900萬匹，分佈在世界各地。

馬的聽力很好，每隻耳朵能180°旋轉以收集聲音。另外，耳朵也能表達情緒變化。

面部很長，眼睛位於頭部兩側，能看到視野範圍超過350°，非常廣闊。

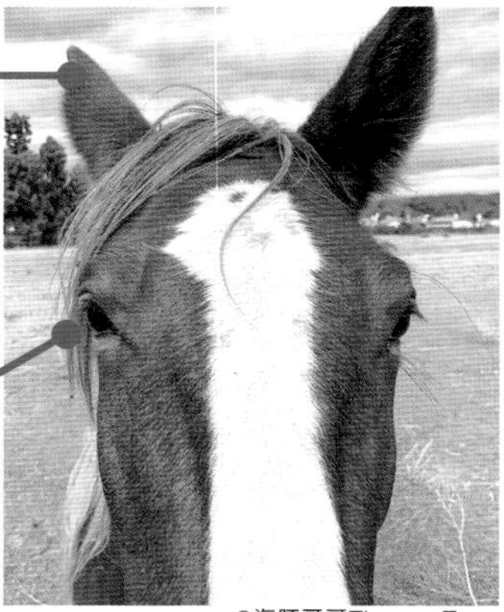

©海豚哥哥Thomas Tue ©海豚哥哥Thomas Tue

◀天生好奇，擅長簡單學習，喜歡探索以前未見過的事情。

©海豚哥哥Thomas Tue

◀馬在人類的農業、運動、比賽及娛樂有很大貢獻，也是古時的主要交通工具。

◀每天約花15個小時站立，每天平均只睡約2.9小時。

©海豚哥哥Thomas Tue

收看精彩片段，請訂閱Youtube頻道：ECOORGHK
https://bit.ly/2HXZDjM

海豚哥哥

自小喜愛大自然，於加拿大成長，曾穿越洛磯山脈深入岩洞和北極探險。從事環保教育超過19年，現任環保生態協會總幹事，致力保護中華白海豚，以提高自然保育意識為己任。 海豚哥哥 Thomas Tue

製作難度：★★★★☆

製作時間：約 2.5 小時

科學DIY

力學

爆彈熊貓

落地即「彈」！

在遊樂場的獎品倉庫內，愛因獅子整理各種獎品時，突然發現地上有隻扁平的熊貓……

熊貓起初看似扁平……

若從高處向下擲，在落地的瞬間就會彈起，變成立體熊貓！

製作方法

材料：硬卡紙、橡筋、牙簽

工具：剪刀、刜刀、圖釘、竹簽、白膠漿、剪鉗

1 將熊貓頭紙樣貼在一塊硬卡紙上，然後剪出來。

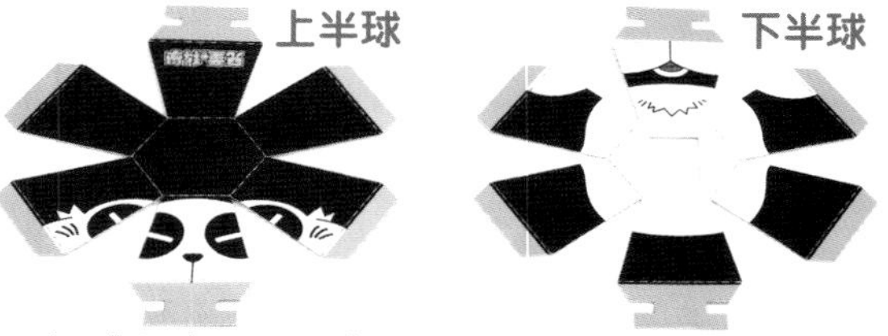

可在《兒童的科學》網站下載皮球的紙樣，同樣貼在硬卡紙上及剪出。（樂趣園→桌布下載）

2 沿線屈摺。

可用刜刀先沿線輕輕刜一刀，使硬卡紙更易摺，但小心不要把紙刜斷。

3 製作紙扣。

把紙樣貼在硬卡紙上剪出。

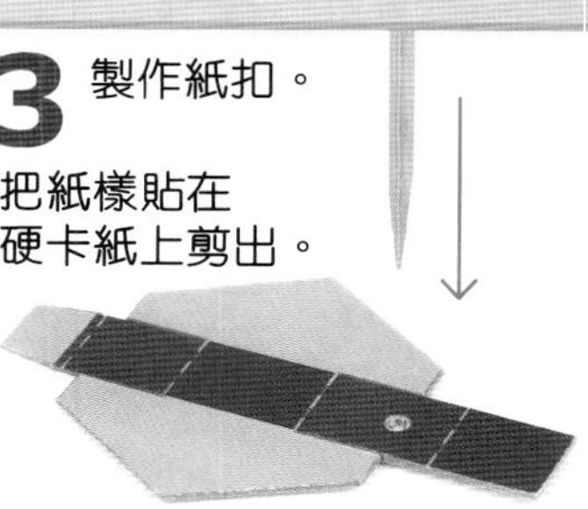

在紙扣上標示的位置用圖釘戳洞，然後用竹簽撐大。

沿虛線摺成 4 節。

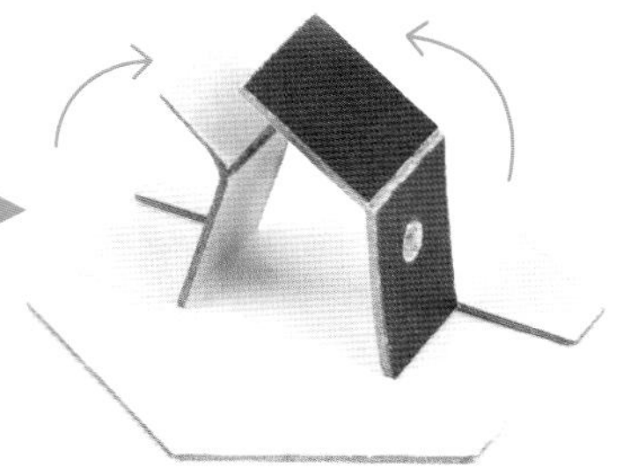

如圖黏貼。

4 把紙扣貼在上半球。

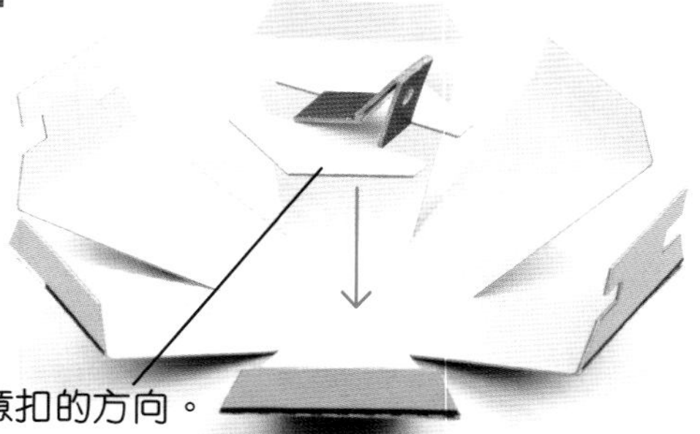

注意扣的方向。

5 把上半及下半球的一對T字部分貼起來。

6 將上半球翻過來，把另一邊的T字部分也黏貼。

其他部分先別黏貼。

7 如圖在其中一個T字部分綁上一條橡筋。

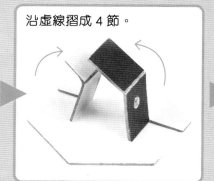

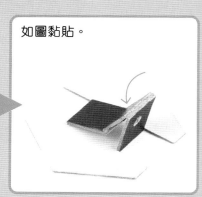

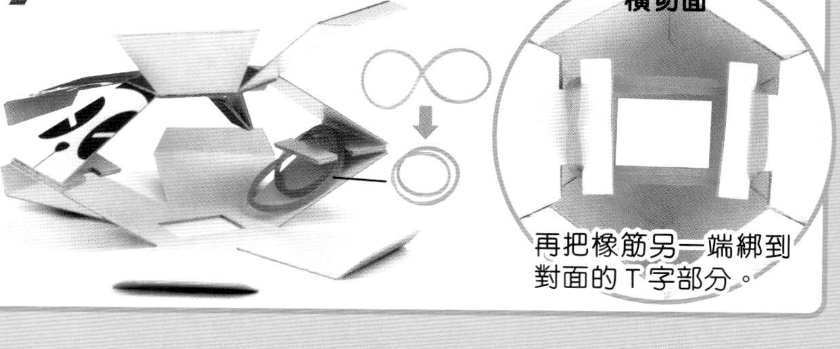

再把橡筋另一端綁到對面的T字部分。

如使用較緊的橡筋，就不需要綁 2 個圈。

8 把剩下的 4 條邊用白膠漿黏貼起來。

9 先在長方形洞旁邊用白膠漿貼上 1cm 長的牙簽。

趁白膠漿未乾透前把立體壓扁，令紙扣在底部露出，微調牙簽的位置使它對準紙扣的洞。

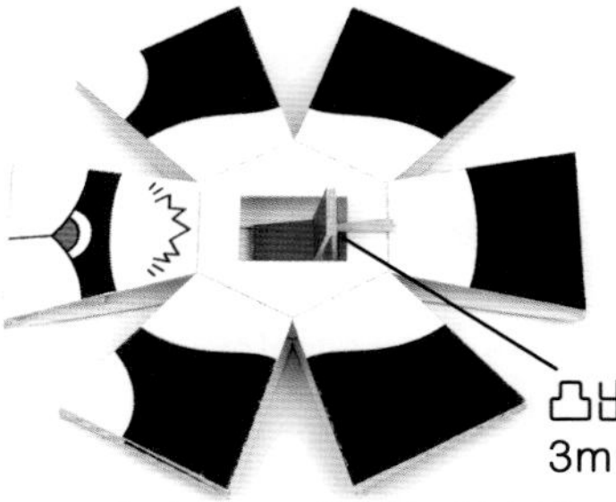

凸出約 3mm。

用剪鉗剪出 1cm 長的牙簽。

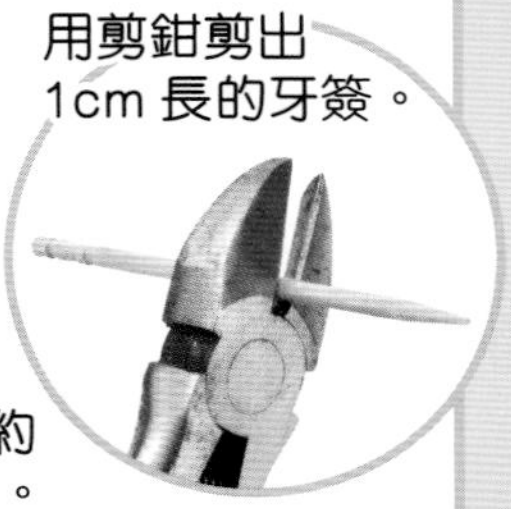

⚠如果下載了紙樣製作皮球，請不要現在就貼牙簽，繼續進行步驟 10 至 12。

10 用白膠漿貼上手和耳朵。

立體熊貓完成！

11 重複步驟 1、2、5 至 8，製成立體皮球。

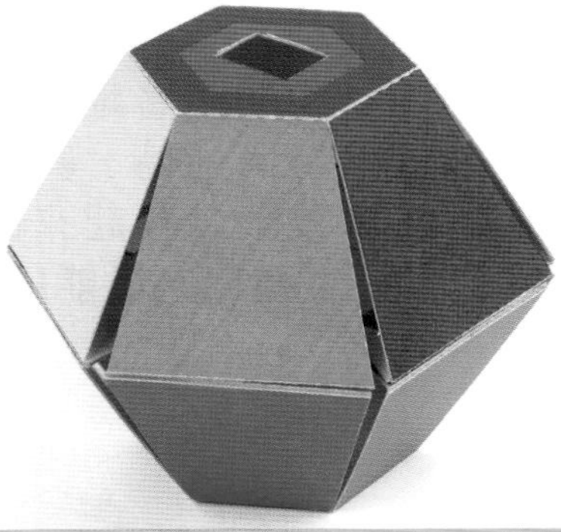

12 將熊貓及皮球黏合。

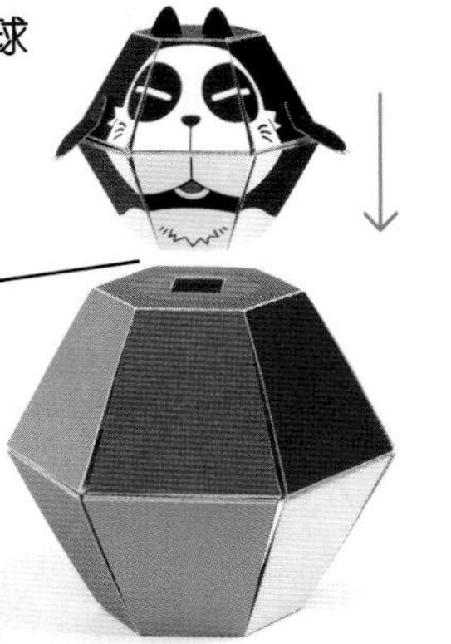

對齊 6 角形框線黏貼，同時也要對齊長方形框。

13 使用步驟 9 的方法，但改為貼上一段 3cm 長的牙簽。

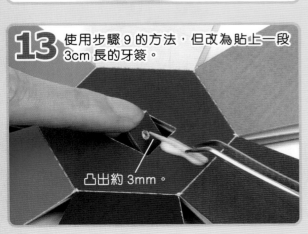

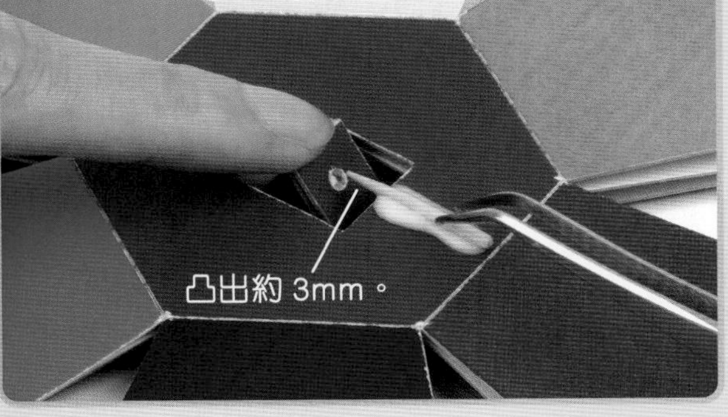

完成！

玩法

1 按扁立體熊貓。

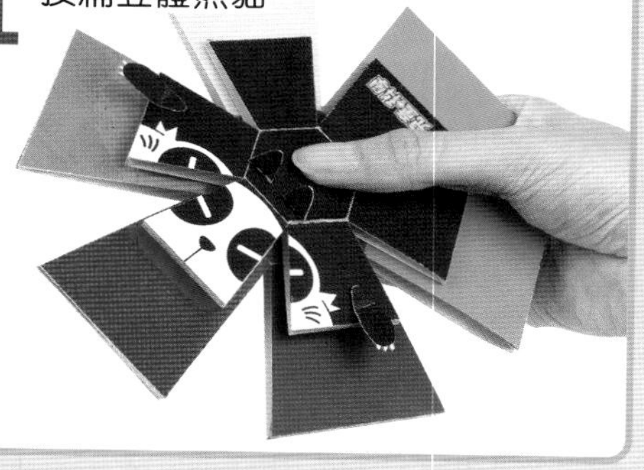

3 拿起立體熊貓，紙扣朝下，向下投擲。

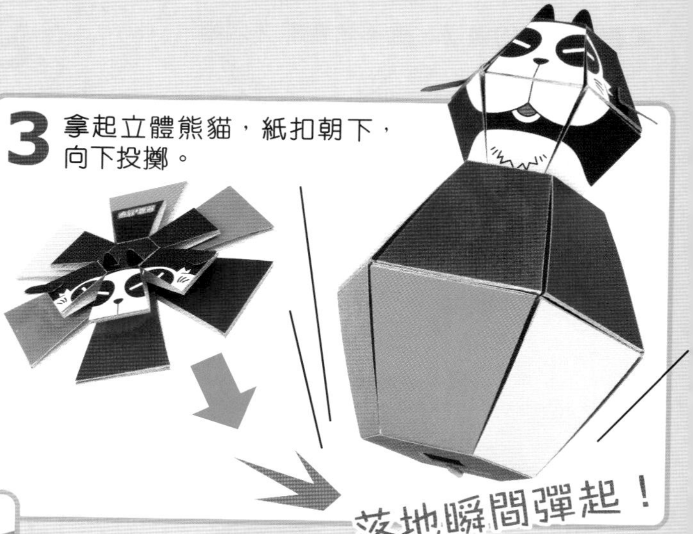

落地瞬間彈起！

2 用牙簽卡着紙扣上的孔。

剛好扣住即可，不宜太緊。

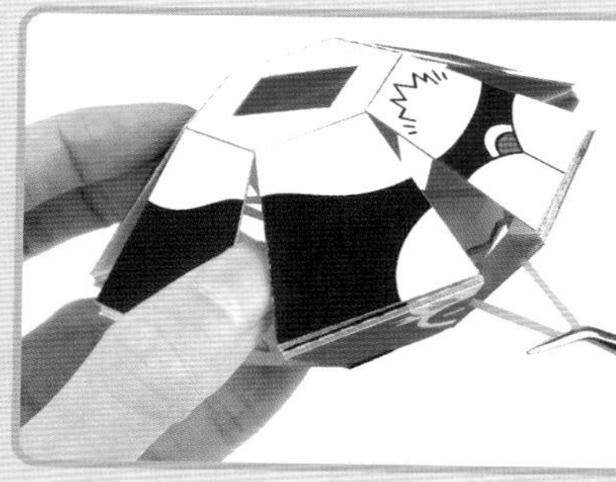

如橡筋鬆脫，可用幼細的尖嘴鉗把橡筋夾回T字扣。

嘿嘿，這件新獎品用了我的造型，應該會很受歡迎吧！
呀哈哈……
客人們能帶走這麼巨型的獎品嗎？

彈性位能

立體熊貓着地時會彈起，是因為落地時，其內部的橡筋釋放了儲存起來的彈性位能，並轉化為動能所致。

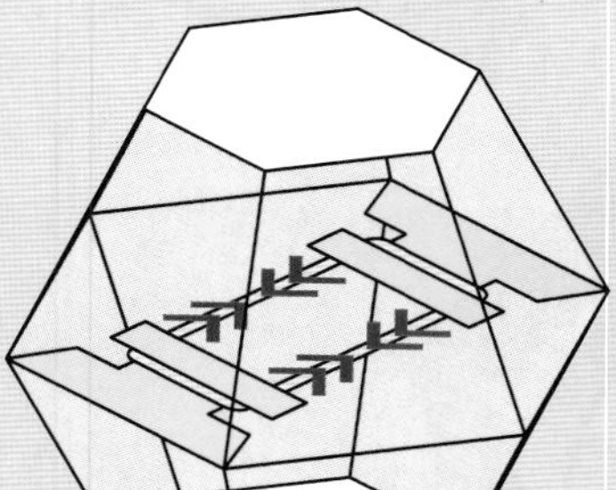

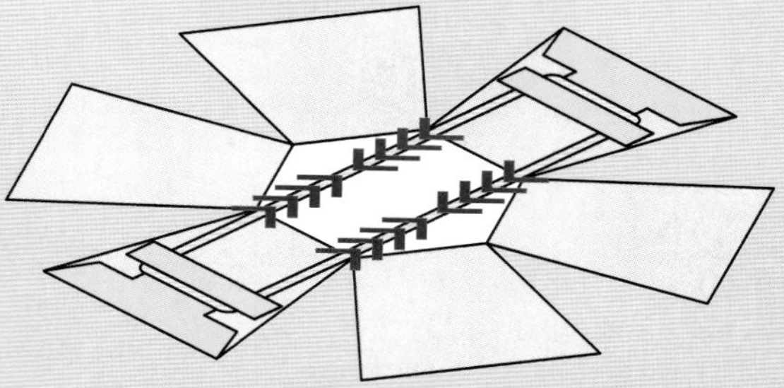

立體熊貓被壓扁時，當中的橡筋便拉得更緊，更多彈性位能儲存起來。

在自然狀態下，立體熊貓內的橡筋已經拉緊，整體被迫鼓起來。

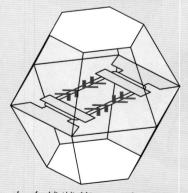

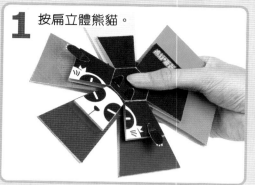

◀只要底部的牙簽卡着紙扣，立體熊貓就不會回復原狀。但當立體熊貓落地時，紙扣受到撞擊而從牙簽鬆脫，橡筋就會快速放鬆，彈性位能瞬間轉化為動能，帶動熊貓彈起來。

紙樣

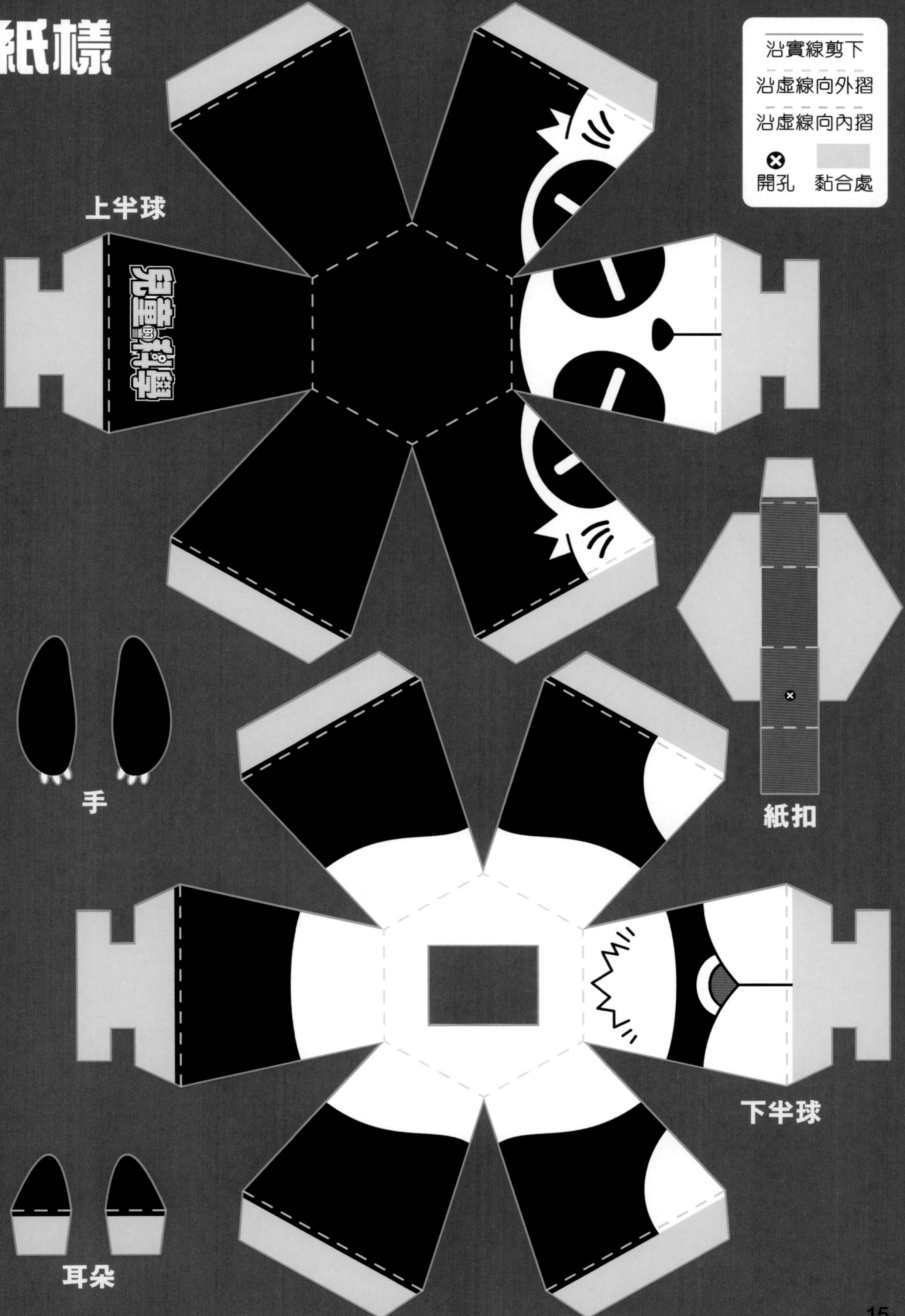

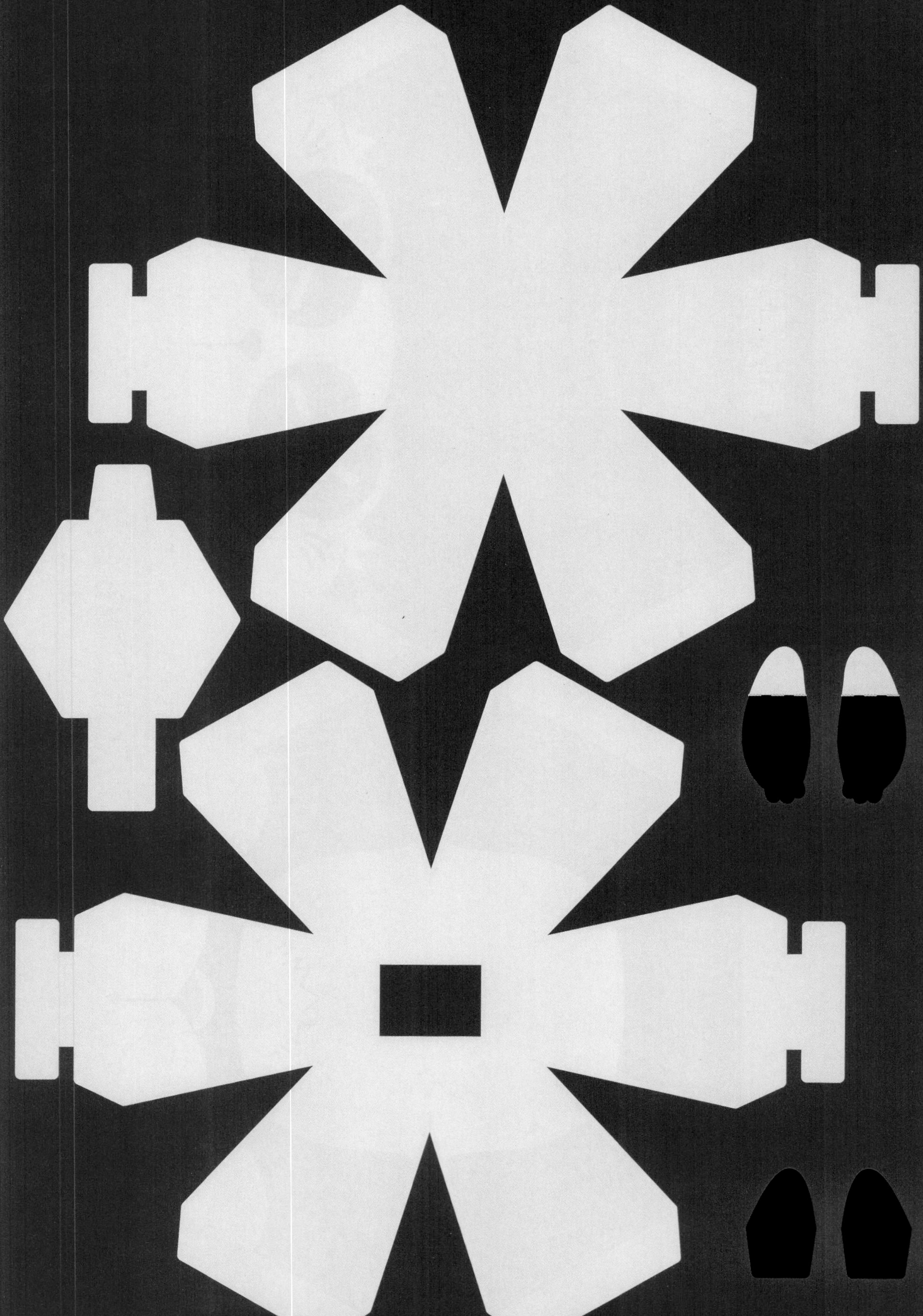

頓牛媽媽想教頓牛認識雜貨店中的貨品，好讓他能在店裏幫忙，可是頓牛卻不想留在店中，於是她想了個辦法……
科學實驗室
化學
今天我們分辨兩種石膏的用途，千萬別搞錯啊。
但我想跟朋友玩……
牛記
石膏工作坊
那正好，一起來「玩」石膏吧！玩過後你就懂得分辨了。
看起來很難！
試作簡易豆腐
我沒用過石膏，好像很好玩呢！
可以造豆腐嗎？
石膏手工

試作簡易豆腐

材料：無糖豆漿 400mL、食用石膏粉 4.5 茶匙（可在藥材店或烘焙店買到）

工具：午餐盒 ×2（大小要相近，其中一個可塞進另一午餐盒內）、棉布或隔渣袋、匙羹

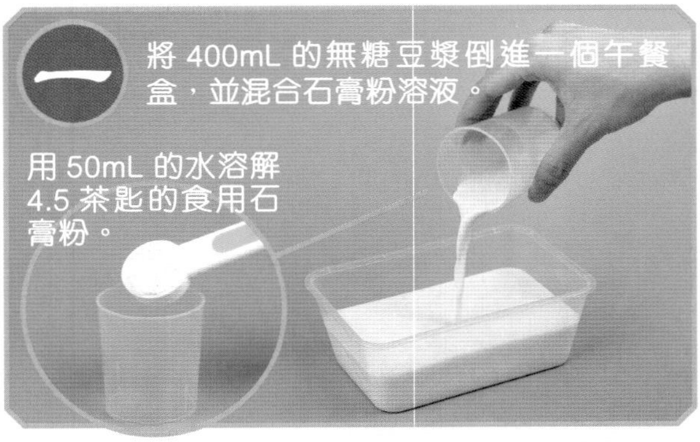

一 將 400mL 的無糖豆漿倒進一個午餐盒，並混合石膏粉溶液。

用 50mL 的水溶解 4.5 茶匙的食用石膏粉。

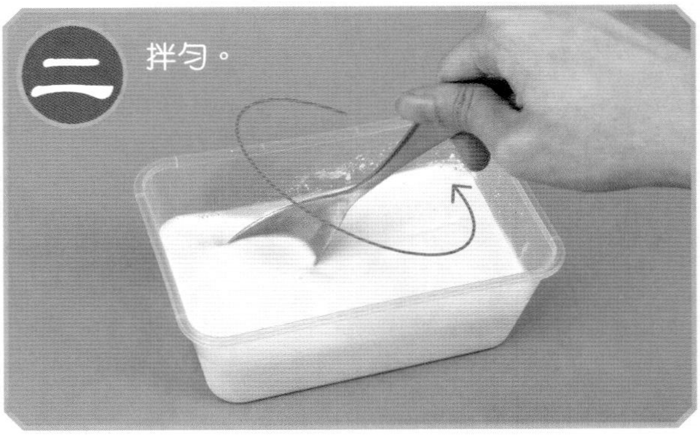

二 拌勻。

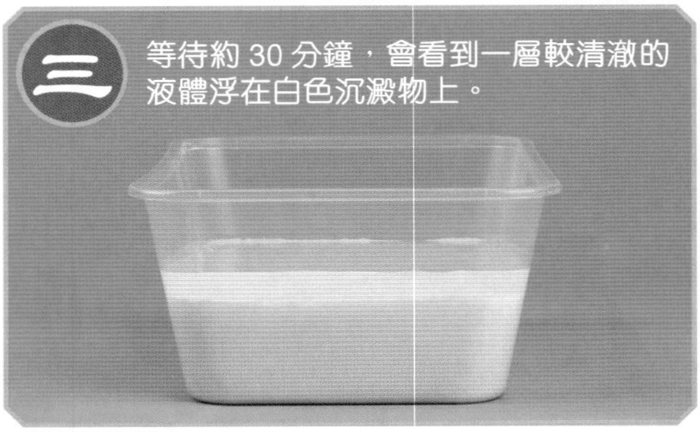

三 等待約 30 分鐘，會看到一層較清澈的液體浮在白色沉澱物上。

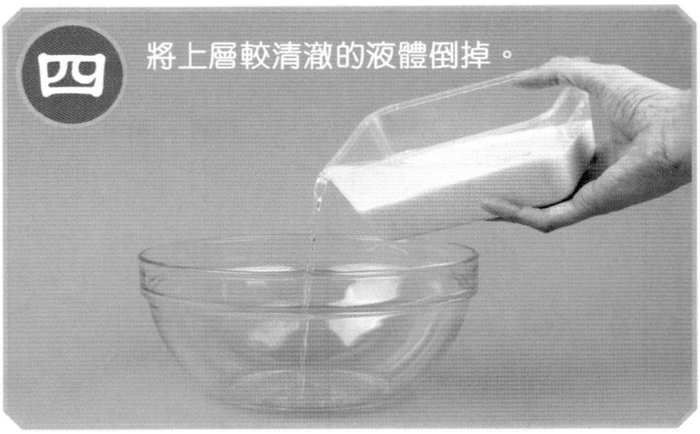

四 將上層較清澈的液體倒掉。

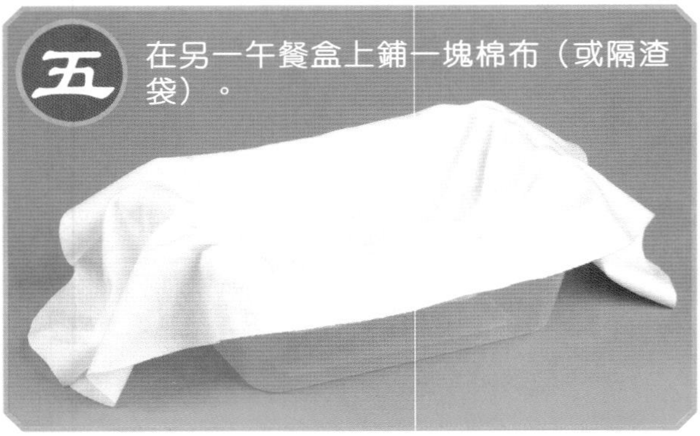

五 在另一午餐盒上鋪一塊棉布（或隔渣袋）。

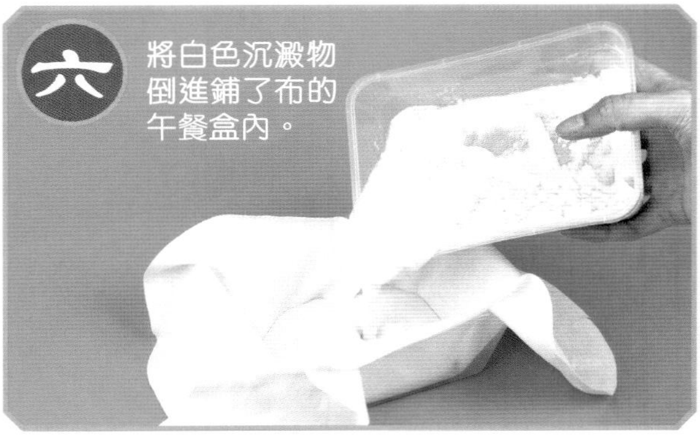

六 將白色沉澱物倒進鋪了布的午餐盒內。

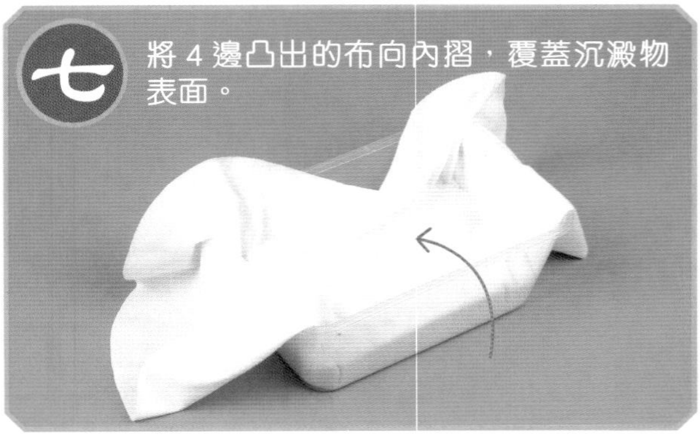

七 將 4 邊凸出的布向內摺，覆蓋沉澱物表面。

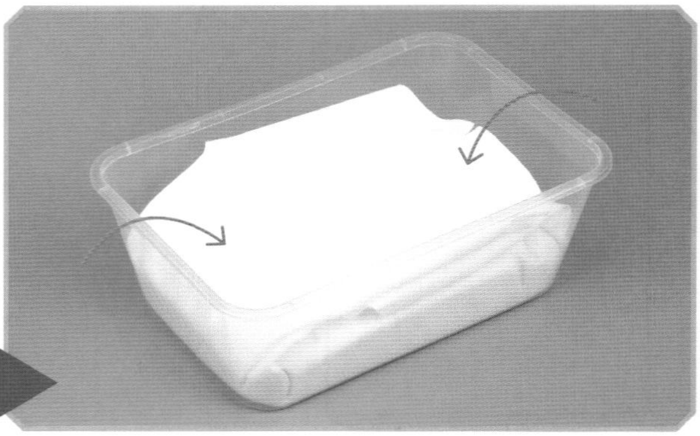

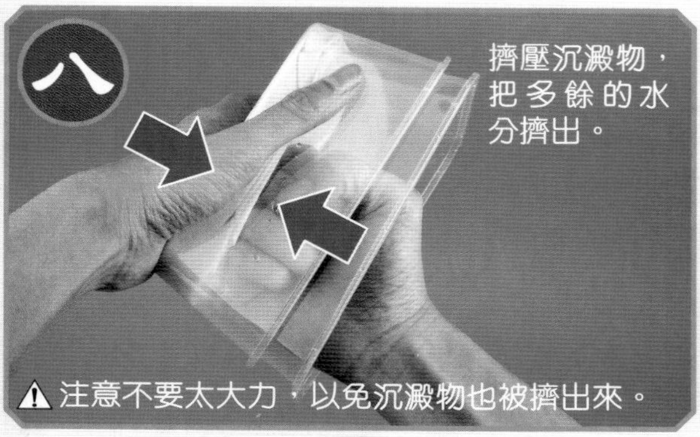

八
擠壓沉澱物，把多餘的水分擠出。
⚠注意不要太大力，以免沉澱物也被擠出來。

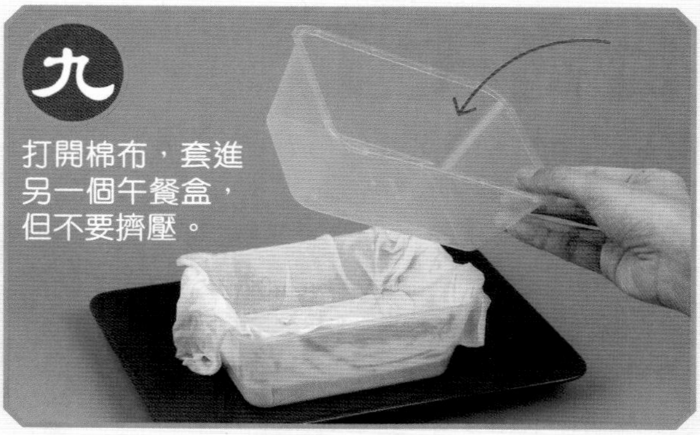

九
打開棉布，套進另一個午餐盒，但不要擠壓。

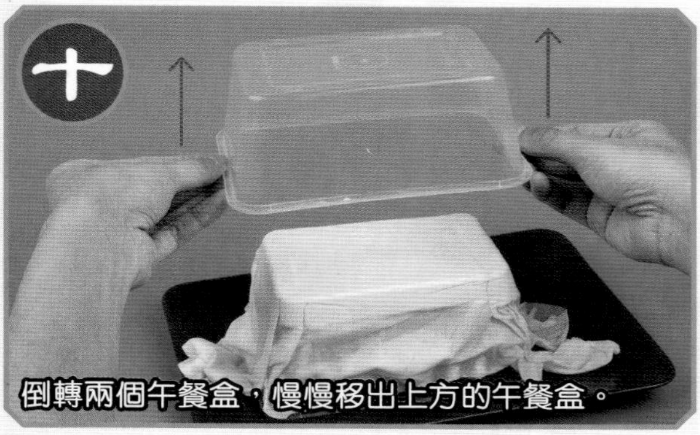

十
倒轉兩個午餐盒，慢慢移出上方的午餐盒。

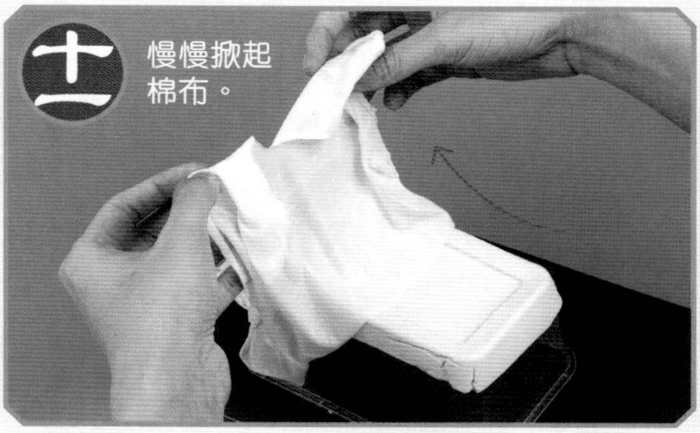

十一
慢慢掀起棉布。

成功取出豆腐！

可吃的石膏

石膏是一種由硫酸鈣構成的礦物，若經加工去除雜質，就可用作食物凝固劑，用來製作豆腐等食物。

⚠本實驗僅示範製作豆腐的原理，為確保效果而使用過量的石膏粉，因此不要食用製成品。

豆腐由豆漿混合凝固劑加工而成。在加入凝固劑前，豆漿中的蛋白質分子表面都帶有負電荷，所以互相排斥。

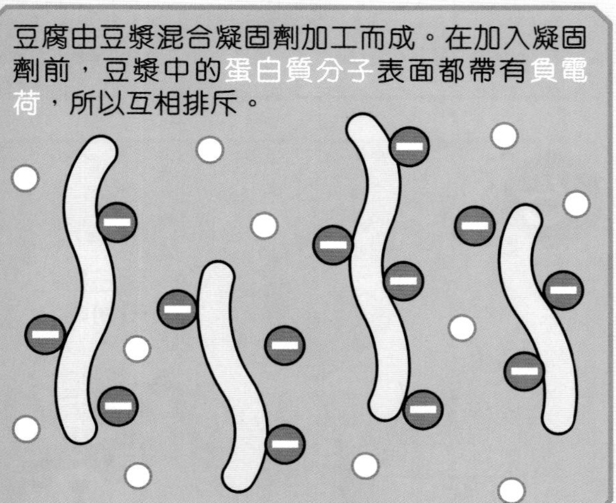

加入石膏後，帶有正電荷的鈣離子中和了蛋白質的負電荷，令排斥力消失，於是它們積聚起來，形成一塊塊沉澱物。

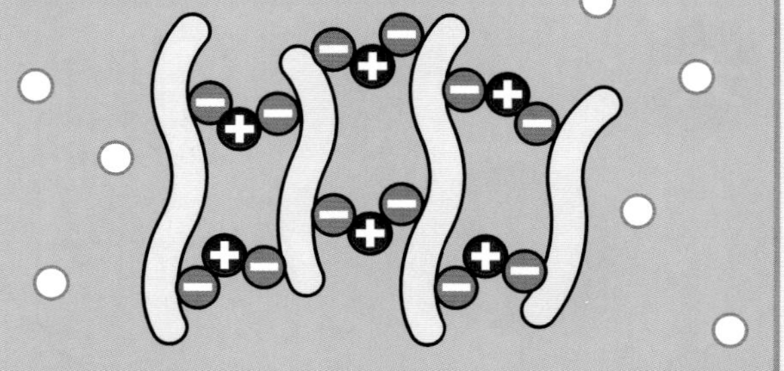

沉澱物受擠壓時，水分便被排走，進而積聚成更大的固體，形成豆腐。

石膏手工

材料：石膏粉 160g（可在美術用品店買到）、水 80mL、硬卡紙、潤膚油、膠紙

工具：碗、剪刀、㓟刀

一 用硬卡紙製作一個長、闊、高為 6cm 的立方體模具紙樣。

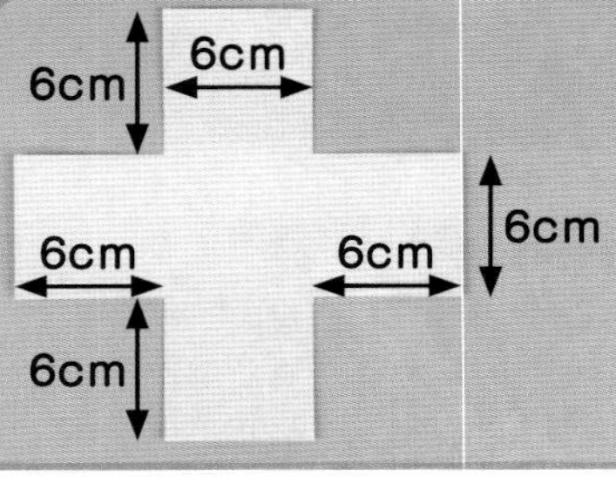

摺成立體。

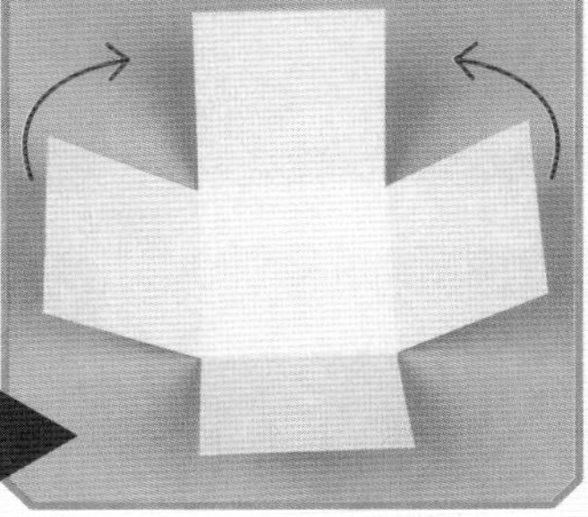

於外側用膠紙貼穩。

二 內側表面塗一層潤膚油。

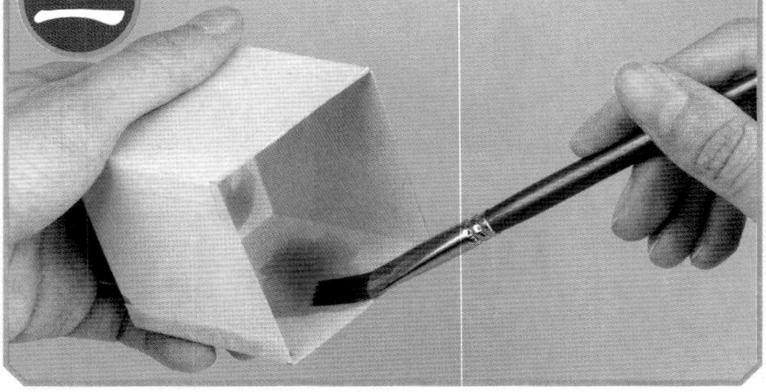

三 在一個玻璃碗或膠碗倒進 160g 的石膏粉。

四 倒進 80mL 的水，加以攪拌至混合成順滑糊狀。本步驟需在 5 分鐘內完成。

五 盡快將糊狀石膏倒進立方體模具內。

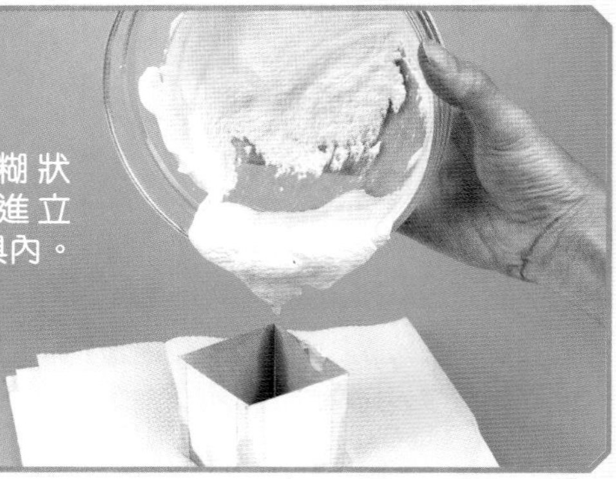

六 趁石膏未凝固，可選擇加上其他塑膠或金屬物件（同樣要先塗上潤膚油），在表面添加一個凹陷形狀。

七 等待 30 分鐘讓石膏凝固……

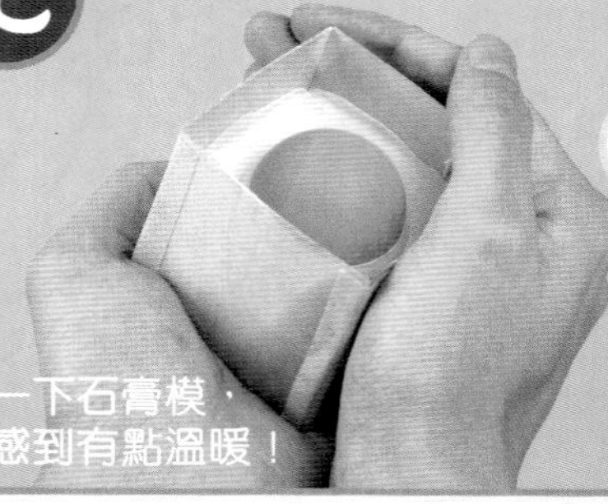

摸一下石膏模，會感到有點溫暖！

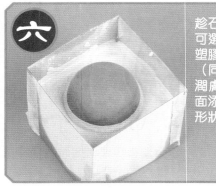

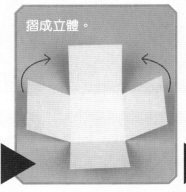

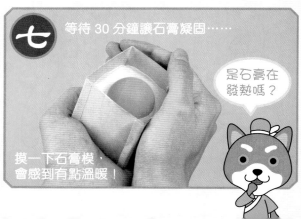

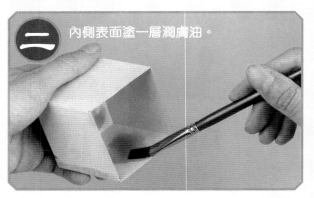

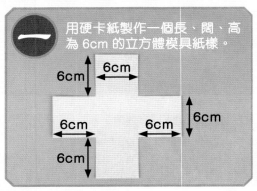

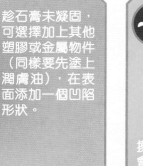

八 把膠紙剪開或撕走，打開模具以取出石膏。

如放了其他物件，就要輕力剔開物件及石膏的接駁位，再取出物件。

由於石膏內仍有水分，需再風乾數天，方能完全固定。

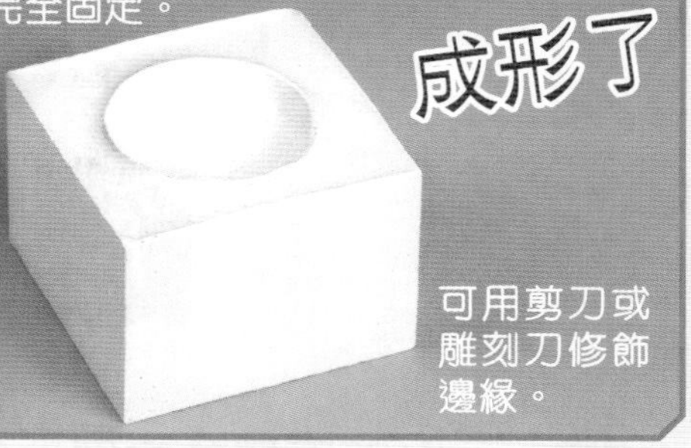

可用剪刀或雕刻刀修飾邊緣。

不可吃的石膏

非食用石膏含有其他礦物或泥土等雜質，可能對人體有害，所以不適合食用！不過，它仍可用來製作模具或工藝品。

食用石膏跟非食用石膏的外表近乎一樣，只能看清楚包裝來識別啊。
啊，原來這樣簡單！

為何石膏會放熱？

石膏除了以純度分為食用及非食用，也可因應化學結構分為熟石膏及生石膏。當熟石膏變成生石膏時，就會放熱。

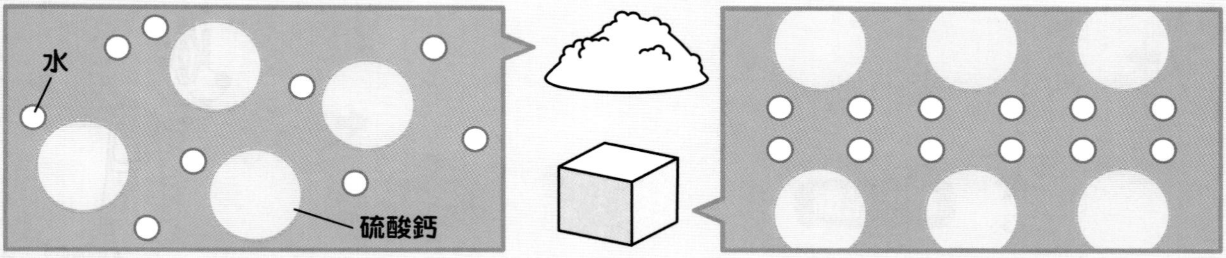

▲熟石膏內的硫酸鈣被較少的水分子圍繞，而且結構散亂，所以呈粉狀。

▲生石膏內的硫酸鈣則連結 2 個水分子，結構嚴謹有序，所以可形成硬塊。

以上兩個實驗使用的石膏粉都是熟石膏，加水後就會產生水合反應，使硫酸鈣跟水分子產生連結，並且整齊排列。

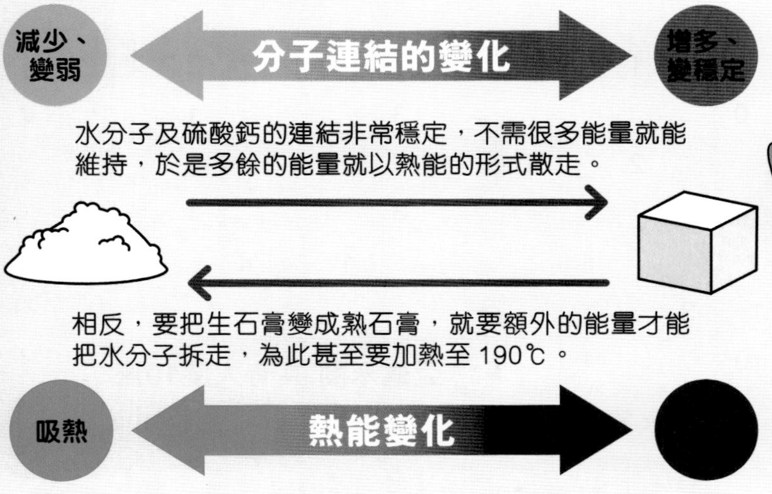

分子連結的變化
增多、變穩定

水分子及硫酸鈣的連結非常穩定，不需很多能量就能維持，於是多餘的能量就以熱能的形式散走。

相反，要把生石膏變成熟石膏，就要額外的能量才能把水分子拆走，為此甚至要加熱至 190℃。

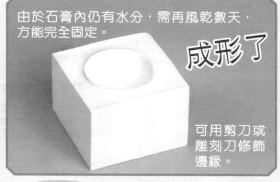

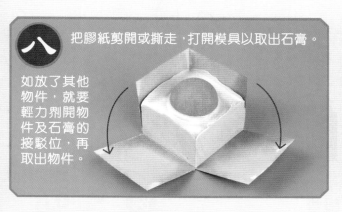

下次我們也來雜貨店玩吧！

IQ挑戰站　腦筋　數學 π

數學建築師

你能依照我的要求建好這些住宅嗎？
包在我身上！

Q1

以下兩個住宅區，每一格都要建一座1至4層高的大廈。只是，每一個橫排及直排都不能有相同層數。周邊的箭咀及數字則代表從該方向去看，能看到那一排有多少座大廈。那麼，兩個花園的大廈應該如何分配？

例

		4			
		3			
3→	1	2	4	3	←2
		1			
		↑4			

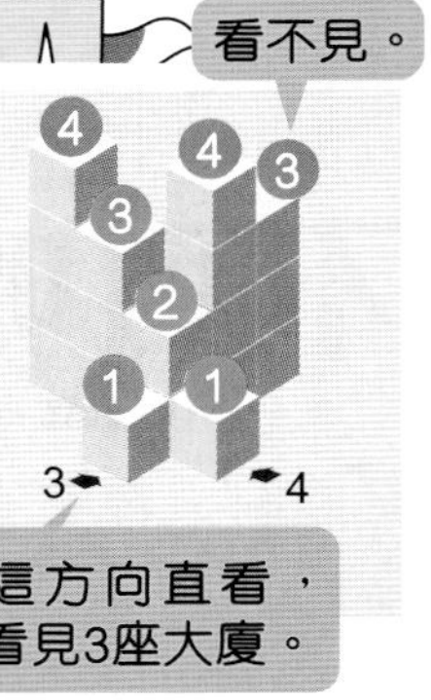

A　頓牛花園

			2↓		
					←4
3→					
		↑3			

B　迪蛙苑

		2↓		2↓	
2→					
3→					
					←2
		↑3			

要填滿所有方格啊。

Q2

以下兩個住宅區，每個數字代表其鄰接的格要建設多少座大廈，不能多亦不能少。你知道所有大廈落成的位置嗎？

例

	○	○
	3	
○	1	

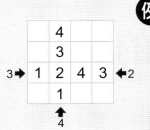

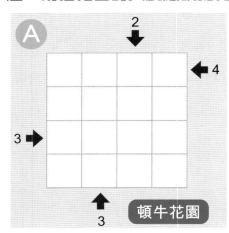

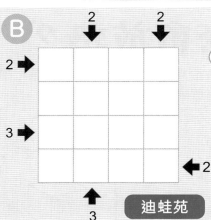

好像著名遊戲「踩地雷」呢。

A　萊與特　共有大廈8座

							0
	0				1		
			0				
	2				2		1
			4				
0						1	
	1	1		3			
			0			1	

B　亞龜米閣　共有大廈10座

			1		3	
	3				1	
			4			
	3				1	
		1		4		

立刻揭去P.49，看看你是否出色的數學建築師！

大偵探福爾摩斯
SHERLOCK HOLMES
科學鬥智短篇㊺
金璽的詛咒(1)

福爾摩斯 精於觀察分析，曾習拳術，是倫敦最著名的私家偵探。

厲河=改編　鄭江輝=繪

奧斯汀．弗里曼=原著　陳沃龍=着色

華生 曾是軍醫，樂於助人，是福爾摩斯查案的最佳拍檔。

福爾摩斯在小徑上停下腳步，看着一直往前伸延開去的四列**鞋印**。他沉思片刻後蹲在地上，用放大鏡檢視地上一個**小坑**。

「你究竟想看甚麼？不怕耽誤時間嗎？要顧客等候可不好啊。」站在旁邊的華生有點不滿地催促。

這一天，福爾摩斯接到律師朋友**布羅德里伯**的電報，叫他趕去一間大宅，確認一下一個有錢人的死因，但他走到這裏卻蹲了下來看小坑，叫華生乾着急。

「你剛才沒聽見嗎？車站站長說這是條很少人知道的**捷徑**，只需15分鐘就能去到那大宅呀。」福爾摩斯答道，但眼睛仍盯着小坑，「反正尚有時間，又難得看到有趣的東西，不鍛煉一下頭腦，就會像你那樣腦筋**生鏽**啊。」

「甚麼？這樣盯着一個小坑就能鍛煉腦筋嗎？」華生不服氣地

說，「我一看，就知道那是**手杖**戳出來的啦。」

「嘿嘿嘿，你的觀察力果然很強呢。」福爾摩斯嘲諷道，「小坑與鞋印沿着這條林蔭小徑一直伸延到前方去，任誰也知道是手杖造成的啊。」

「既然這樣，還有甚麼好看？」

「這個小坑對你來說太難了。」福爾摩斯指着一個鞋印說，「不如**由淺入深**吧。你看看這個鞋印，能看出甚麼來嗎？」

「豈有此理，這算是挑戰我嗎？」華生馬上蹲下來細看。

不一刻，他臉上浮現出勝利的笑容，說：「哈！太簡單了。看！鞋印上不是有個**奔馬商標**嗎？看到這個，我就知道此鞋的牌子叫伊維克托，考克斯公司出產，鞋底是用**橡膠**製成的。」

「好！這關算你過了。沒想到你一年三百六十五日都穿同一款鞋子，竟然對鞋也有點研究。難得、難得。」福爾摩斯**明讚實貶**地笑道，「不過，假設鞋印是一個殺人犯留下的，你就算知道鞋的牌子也沒甚麼用，因為這款鞋子太流行了，難以據此去推斷殺人犯的**特徵**。」

「怎會沒甚麼用？假設我們抓到三個疑犯，其中一個穿的是這款鞋子，不就可以馬上知道誰是殺人犯嗎？」華生反駁。

「你的假設太簡單了，現實可往往要複雜得多啊。」福爾摩斯說，「如果那三個疑犯中有兩個是穿這款鞋子呢？你怎麼辦？證物的明顯特徵往往會**蒙蔽**了自己的眼睛，令人忽略更重要的細節，結果是**一葉障目**，看不到全貌。所以嘛，你這種簡化的觀察是非常危險的。這一關算你過不了。」

我的觀察真的是簡化了嗎？

「我的觀察真的是簡化了嗎？」華生不認

輸，「那麼你說，你又有何高見？你能通過這鞋印，看出這個人的特徵嗎？」

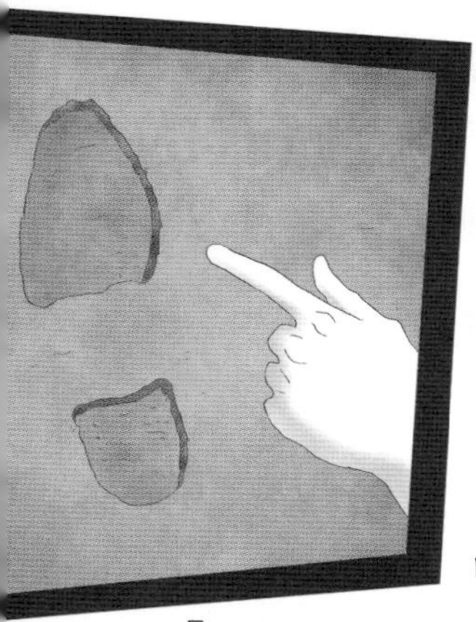

「這問題暫且擱下，不如先看看膠底鞋的**同伴留下的鞋印**吧。」福爾摩斯指向左邊最外側的一個鞋印說，「這是**皮底鞋**踩出來的鞋印，表面看很普通，卻可以看出很多東西呢。」

「且慢！同伴？你怎知道這鞋印是他的同伴留下的？」

「比較兩組鞋印就知道呀。」福爾摩斯說着，詳細地點出了它們的特徵。

① 兩組鞋印都很大，可知這兩人都是**高個子**，但是步幅卻不大，與他們的身高不符。

② 穿皮底鞋的那位步子小，而且呈**外八字**，看來是年老體弱或身體有病，為了支撐身體，他**每兩步**就要用手杖撐一下，所以每兩步就在地上戳出一個小坑。

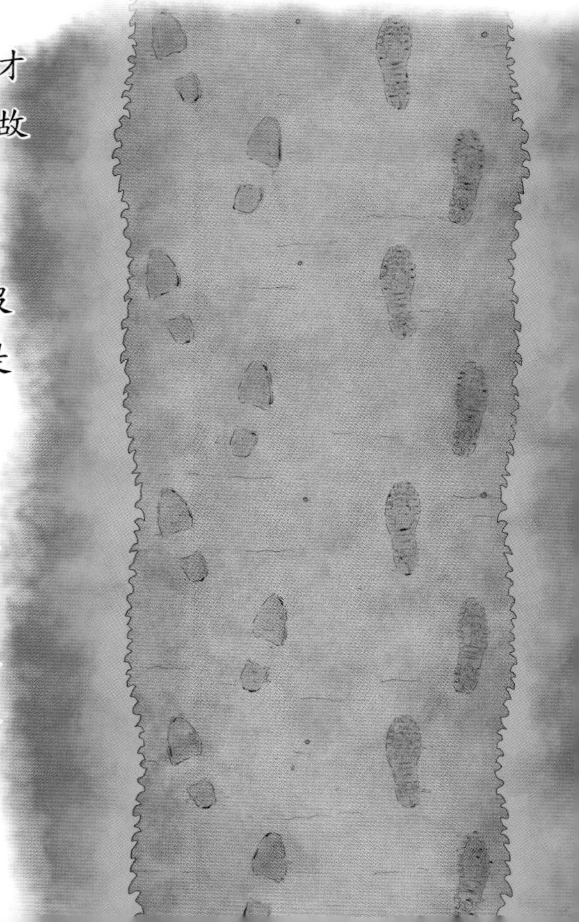

③ 但是，穿膠底鞋的那位卻**每四步**才留下一個小坑，證明他健康正常，只是故意減少步幅來遷就那位穿皮底鞋的仁兄。

④ 還有，兩組鞋印基本上是**並排**的，並沒踩到另一組上面去。手杖也一樣，沒有戳到對方的鞋印上。而且，兩人都是**右撇子**，小坑都各自戳在鞋印的右邊。

⑤ 但也有例外。剛才一直走過來，我發現在狹窄的地方，皮底鞋的鞋印曾**踩**在膠底鞋的鞋印上。這表示通道太窄，兩個人不能並排走，膠底鞋就會往前走快兩步，皮底鞋隨後才跟着膠底鞋走過去，所以就踩到膠底鞋的鞋印上了。不過，之後兩組鞋印又回復並排了。

「所以，我得出的結論就是——」福爾摩斯一頓，狡黠地向華生一笑，「兩組鞋印的主人是認識的，領頭的是**穿膠底鞋的人**，他是**主**，而且他走得較快，在通道太狹窄時就由他領先帶路。**穿皮底鞋的人是客**，所以跟在後面。你說，如果他們不是同伴的話，是甚麼？」

主＝穿膠底鞋的人　　客＝穿皮底鞋的人

「啊……」華生**啞口無言**。

「好了，鞋印說完了，回到小坑上去吧。」福爾摩斯說，「你看得出『**主**』和『**客**』的小坑有甚麼分別嗎？」

「唔……」華生摸摸下巴說，「『**主**』的手杖稍微**粗**一點，戳出的小坑略大一點。反之，『**客**』的手杖較**幼**，加上他要用力撐住自己的身體，所以戳出的小坑較深。」

「你的觀察只停留在表面，卻**忽略**了非常重要的地方。」福爾摩斯搖搖頭說。

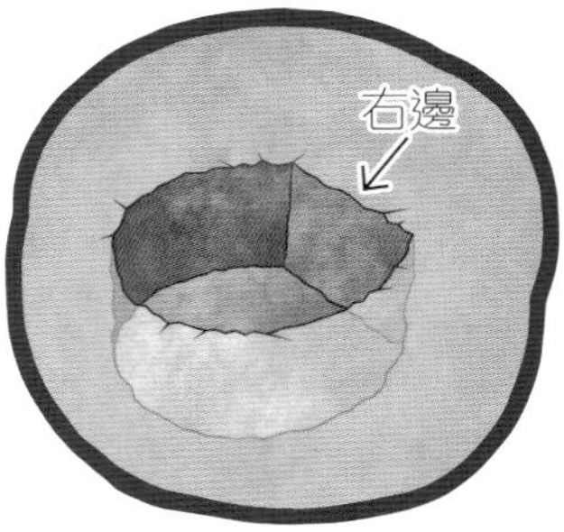

「真的嗎？我忽略了甚麼？」

「你再仔細看看。」福爾摩斯指着「客」的小坑說，「此人留下的小坑雖然戳得比較深，但仿似被削去了一小塊的部位卻在**右邊**呢。」

「是嗎？」華生小心地看了看，「你說得沒錯，但那又怎樣？當中有甚麼特別含意嗎？」

「嘿嘿嘿，都已經說得這麼白了，仍然不明白嗎？」福爾摩斯狡黠地一笑，「暫且當作你的**功課**吧，你先想想，真的想不通，我再向你解釋吧。」

說完，福爾摩斯馬上邁開步伐，繼續往前走去。

「喂！喂！喂！你太可惡了，不要**故弄玄虛**，快說出答案！」華生不滿地嚷道。但福爾摩斯並沒有理會，把華生氣得**直跺腳**。

不一刻，他們快到達小徑的盡頭時，老律師布羅德里伯已在前面向他們招手了。

「太好了！太好了！」兩人走近後，老律師連忙走過來握手，「你們能來幫忙，實在**不勝感激**啊。我還以為這種小差事請不動你們呢。」

「小差事？不是死了人嗎？怎能算是小差事？」福爾摩斯詫異地問。

「哎呀，又不是兇殺案。」老律師擺擺手說，「自殺而已，沒甚麼疑點。但死者買了**三千鎊人壽保險**，必須請權威人士來確認一下，你和華生醫生簽個名，作個證就行。小差事、小差事，不會太麻煩。」

「原來如此。」福爾摩斯猜疑地往老律師瞥了一眼，「能證明自殺的話，保險公司就**不必賠償**了。對嗎？」

「對，這個小差事的**關鍵**就在這一點上。」老律師狡猾地笑道，「我代表的是保險公司，當然希望省下那三千鎊。呵呵呵，你是聰明人，應該明白我的意思吧？」

華生心中暗想：「這老傢伙竟然**明目張膽**地說這種話，不怕人家說他**意圖行賄**嗎？」

「可以先談談這案子嗎？」福爾摩斯裝作沒聽懂那個暗示似的，一本正經地問。

「啊，是的。我們一邊走一邊說吧。」老律師搓搓手說，「死者叫**馬丁・羅蘭茲**，是個有錢人。他的弟弟叫**湯姆・羅蘭茲**，開了家會計師行，公司就在我律師行的隔壁。今早我剛回到公司，他就跑過來找我，說哥哥馬丁出了事，叫我與他一起來幫忙。」

「他為甚麼叫你幫忙？」福爾摩斯問。

「因為我和他們兩兄弟都是朋友——」老律師說到這裏擺擺手，又否定道，「不對，應該說因為我是**律師**，他知道哥哥出了事，一位律師在場會比較好。而且，馬丁的人壽保險也是我介紹他買的。」

「啊？」福爾摩斯眼底閃過一下疑惑，「你介紹他買的？**是甚麼時候？受益人是誰？**」

「哎呀，別那麼神經過敏啦。你們吃偵探飯的，一聽到人壽保險就會想到**謀財害命**，對吧？」老律師沒好氣地說，「受益人雖然是湯姆，但那份保險是10年前買的，肯定與本案無關。而且，他們兩兄弟感情非常好，馬丁很照顧湯姆，湯姆的會計師行也是馬丁出錢開的啦。更重要的是，保險公司只賠死於**意外**、**疾病**或**他殺**，**自殺**是不賠的啦。如果湯姆要騙人壽保險的話，應該把犯案現場弄成意外或他殺啊。」

「那麼，馬丁為甚麼自殺？知道原因嗎？」福爾摩斯問。

「原因嘛，還不太清楚。但據湯姆說，馬丁最近有點**心緒不寧**，好像受到甚麼困擾似的。」

「他受到甚麼困擾？」

「這個我還未問清楚，你待會可以直接問湯姆。」

「那麼，知道案發經過嗎？」

「這個倒大約了解過了。」老律師把所知的經過一一細說……

昨天晚上，馬丁吃過晚飯後，就外出去**散步**了，據管家說這是他的習慣。就是這樣，他昨晚外出後管家和僕人都沒見過他了。不過，他們對此並不感到奇怪。因為，大宅旁有條專用的小路直接通往一排側房，**書房**、**古董收藏室**和**工作間**都在那兒。馬丁喜歡散步回來後，直接從那條小路走去工作間或書房。一般來說，僕人在晚飯後都很少會見到他。所以，看不見他也不會感到異常。

可是，今天早晨，一個女傭送茶到他的卧室時，卻發現他不但人不在，連床鋪也**整整齊齊**的，就是說，馬丁根本沒回來睡覺。大驚之下，女傭馬上告訴管家。兩人趕忙往側房那邊去查看，發現所有房門和窗戶都關得牢牢的，只有工作間的**一扇窗**仍可打開。於是，女傭從那窗口爬了進去，再打開門讓管家進入。但工作間裏沒有人，兩人就打開與書房相連的一扇門，走進了隔壁的**書房**。

這時，他們看到馬丁坐在書桌後的一把扶手椅上。管家向他叫了兩聲也得不到回應，於是他趨前摸了一下馬丁的手，發現**冷冰冰**的。接着，他再量了一下馬丁的呼吸，才知道已沒有氣息了。

管家慌忙派人去叫醫生，同時給湯姆的會計師行發了個電報。醫生9點左右來到，他估計馬丁已死了超過**10個小時**。由於在桌上找到一瓶**氰化鉀藥片**，加上屍體的徵狀，他已肯定馬丁是**死於氰化鉀中毒**。當然，這個要驗屍才可最後確定。

我和湯姆去到那書房時，看到桌上除了那瓶氰化鉀藥片，還有一本打開了的**書**、一個酒瓶、一杯**威士忌**、一瓶**蘇打水**、一盒**雪茄**和一個**煙灰缸**。在煙灰缸中，有一個雪茄的**煙頭**和一些**煙灰**。

「我所知和所看到的就是這樣了。」老律師總結道，「從那瓶藥片和他的死狀看來，我和湯姆得出的結論，就是**自殺**。」

「你們報警了沒有？」華生問。

「哎呀，我最怕那些笨警察破壞現場，所以先請你們來看，聽聽你們的看法。要是你們也認為他是死於自殺，那就**省事**了。」老律師再次狡猾地強調，「你明白我的意思吧？」

「那位弟弟仍在嗎？我想和他談談。」福爾摩斯沒理會老律師的暗示，故意板着臉孔說，「必須先了解一下**自殺的原因**，否則我提交的報告也可能不夠說服力啊。」

「這個當然，兄長的逝世雖然對湯姆的打擊很大，但他是個冷靜的人，一定會全力配合的。」老律師說着，指向前方道，「那就是馬丁家了。」

三人走近門口時，一個一臉悲傷的中年紳士剛好開門步出。不用說，他就是死者的弟弟湯姆・羅蘭茲了。

「湯姆，福爾摩斯先生和華生醫生來了。」老律師介紹道，「我已一五一十地把事發經過告訴他們了。」

湯姆疲憊地寒暄了一下後，說：「謝謝你們來幫忙。哥哥為人樂觀，沒想到他竟會自殺，實在……」說到這裏，湯姆語帶哽咽，說不下去了。

「羅蘭茲先生，請節哀順變。」華生連忙安慰。

「發生這種不幸，你一定很難過了。」福爾摩斯說，「我們會趕快完成調查，讓你可以休息一下。」

「對對對，趕快完成調查吧。」老律師趕忙接着說，「先去看看馬丁的遺體。」

湯姆點點頭，就領着福爾摩斯三人，穿過前廳，沿着一條走廊來到了案發現場的書房。門開着，華生看到鑰匙還插在匙孔上。走進書房後，老律師在路上說的情景馬上闖入眼簾，穿着淡黃色襯衫的馬丁垂下腦袋，僵硬地坐在扶手椅上，叫人感到有點毛骨悚然。

「馬丁的遺體和桌上的東西都沒動過，你們隨便看吧。

有事的話，請到飯廳來找我們。」老律師不想留在書房看着屍體，拉着湯姆匆匆忙忙走了。

待兩人出去後，福爾摩斯走近書桌，拿起藥瓶看了看裏面的**藥片**，然後湊近屍體的嘴邊嗅了嗅。

「他喝過**威士忌**。」福爾摩斯說着，從頭到腳仔細地檢視了屍體一遍。

「怎樣？有發現嗎？」華生問。

「你過來看看。」福爾摩斯指着屍體的鞋子說。

華生趨前一看，不禁失聲叫了起來：「啊！這……這不是**伊維克托牌**的鞋子嗎？」

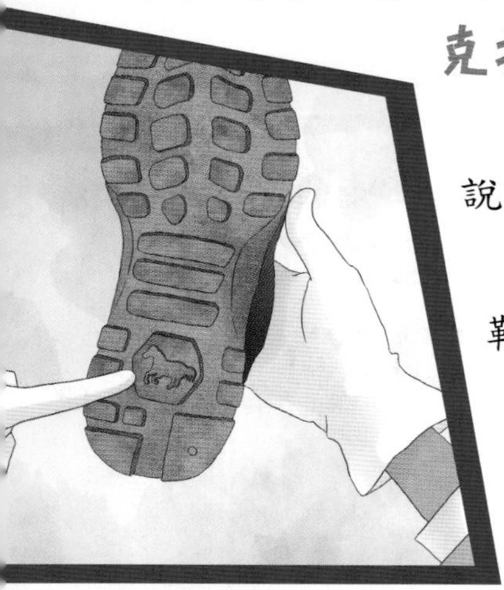

福爾摩斯蹲下來脫掉屍體的鞋，把鞋底翻過來說：「是橡膠底，那個**奔馬商標**也清晰可見。」

「太巧合了，沒想到剛剛才討論過，就看到鞋印的主人。」華生嘖嘖稱奇。

「我不是說過了嗎？」福爾摩斯瞄了一眼華生，「這款鞋子太流行了，不能單憑牌子就下結論啊。」

「難道你認為小徑上的鞋印與馬丁無關嗎？」華生不服氣地反問。

「不，我也認為那些膠底鞋的鞋印是屬於馬丁的。」福爾摩斯狡黠地一笑，「不過，我的**根據**卻與你不同。」

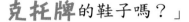

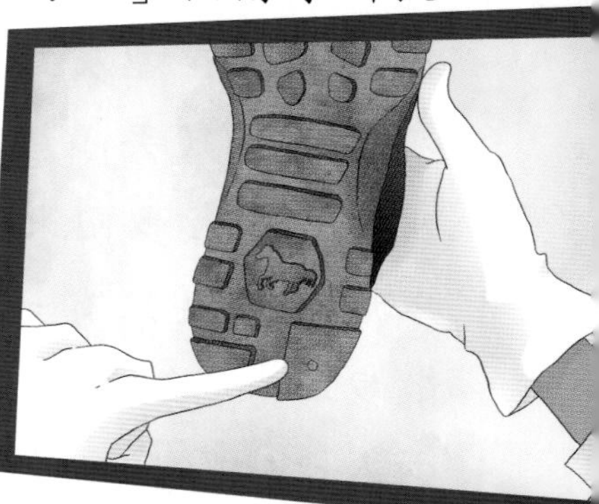

「有何不同？」

「你看。」福爾摩斯指着鞋底一個隱約可見的**圓點**說，「這是一枚被踩得烏黑的**圖釘**，剛才的鞋印上也有它的印記，這才是鞋印最重要的特徵，你卻忽略了。」

「啊……」華生這時才明白「**一葉障目**」的意思，他只顧看鞋印上的**奔馬商標**，卻沒有注意到圖釘在地上留下的印記。

「所以，這案子比布羅德里伯先生說的複雜得多。很明顯，昨晚馬丁在林蔭小徑散步時，有一個穿着**皮底鞋**的人與他同行。而這個人——」福爾摩斯一頓，眼底閃過一下寒光，「就是馬丁死前最後見過的一個人，他可能是認識的朋友，也可能是與馬丁的死有關的人。」

「與馬丁的死有關的人？難道……」華生詫然，「你的意思是指那人是**兇手**？要是這樣的話，此案就不是**自殺**，而是**他殺**了！」

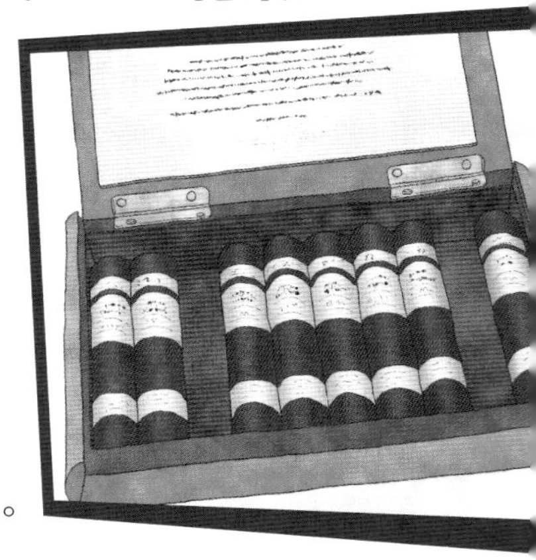

「還不能下此結論。首先，我們必須找到此人，看看他是誰，與馬丁有甚麼關係。」

福爾摩斯說完，在書房內轉了個圈，左看看右看看，又仔細地檢視了地板和桌上的物品。最後，他打開桌上的**雪茄盒子**看了看，說：「這盒雪茄是新拆的，裏面**少了兩枝**。」

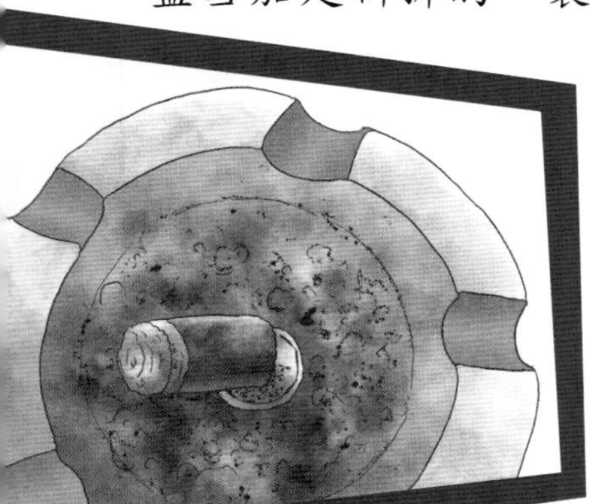

「那又怎樣？」華生問。

「本來沒甚麼。」福爾摩斯走近書桌，指着煙灰缸說，「但這裏只有**一個雪茄煙頭**，一枝雪茄可燒不出這麼多**煙灰**啊。」

「啊！即是缺少了一個煙頭？」華生緊張地說。

「對，這裏只有三個可能性。」福爾摩斯分析道，「①馬丁先抽一枝雪茄，未抽完就咬着雪茄出去散步，並在外面把煙頭丟了。散步回來後，他再抽一枝，抽完後把煙頭丟在煙灰缸中。②僕人清潔煙灰缸時，只丟了煙頭，卻忘記清理煙灰。馬丁散步回來後抽了一枝雪茄，所以煙灰缸裏只有一個煙頭。③馬丁散步回來時，帶了一個人進來，他們兩人**各抽了一枝雪茄**。但那人離開時，撿走了自己的煙頭。」

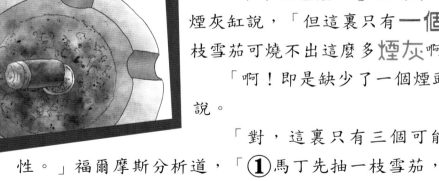

「如果是第③個可能性的話，那人肯定非常可疑。否則，他沒

必要撿走自己的煙頭啊。」華生說。

「對，撿走自己的**煙頭**，是不想留下曾來過的證據。」福爾摩斯說，「因為，如果警方知道馬丁死前曾與一個人在這書房抽雪茄，必會拼盡全力去找這個人，也會對自殺之說**生疑**。不過，我們必須先排除第①和第②個可能性，才能令第③個可能性成立。」

「那麼，現在怎辦？要把你的發現告訴布羅德里伯先生嗎？」

「不，現在告訴他的話會把他嚇壞。」福爾摩斯摸了摸鼻子說，「他想要的是自殺，如果我們循他殺的方向調查，說不定他會馬上把我們**解僱**呢。所以，我們只能暗地裏調查。」

「原來如此。」華生頷首同意，他知道老搭檔最近**缺錢**，被解僱的話又要拖欠租金了。

「走，去找布羅德里伯先生他們吧。」說罷，福爾摩斯就往外走去。

老律師一看見兩人踏進飯廳，就**急不及待**地問：「怎麼樣？有結果了嗎？」

「表面上，馬丁．羅蘭茲先生是邊喝着**威士忌**，邊吞下**氰化鉀**中毒而死的。不過，他是否**自尋短見**，還要詳細了解一下事件的背景才能下結論。」福爾摩斯說完，轉過頭去向湯姆問道，「聽說令兄最近有點**心緒不寧**，好像受到甚麼困擾，對嗎？」

「是的。」湯姆點點頭說，「不過，我不敢肯定與他的自殺有沒有關係。只是……一切都是由一枚**金璽**引起。」

「**一枚金璽？**」福爾摩斯和華生都感到好奇。

「事情是這樣的……」

月前，一位從中東巴格達回國的**科恩少校**，不知從哪兒弄到一枚**滾印小金璽**，並以20鎊的價錢，賣給了一個名叫**萊昂**的古董店店主。科恩少校對金璽的價值**不甚了了**，手頭又比較緊，所以急急把金璽脫手。

那位萊昂先生雖然做古董生意，但主要是騙騙遊客和門外漢，對金璽之類的古文物並不熟悉。不過，據說他以前是個鐘錶匠，手藝很好，所以在修復和仿製古董方面很到家。他願出20鎊買下金璽，是因為它由**真金鑄成**，外表又像一件古董，僅此而已。

家兄是個**古董收藏家**，常找萊昂先生修復古董，算是他的老主顧了。兩個星期前，家兄有事去找他，他就以40鎊的價錢，遊說家兄買下那枚金璽。家兄對**巴比倫時代**的文物頗有研究，一看就知那是件真貨，二話不說就買下來了。

不過，當時家兄並不知道那枚金璽的真正價值。他回家後，為了看清楚刻在金璽上的**圖像**，就用刷子刷去雕刻中的泥污，發現刻着的竟然全是巴比倫人信奉的神。這時，他才知道自己中了**頭獎**。因為，那不但是古代巴比倫時代的金璽，更是**巴比倫國王本人**的金璽！

他不敢相信自己的眼睛，馬上跑去大英博物館，找巴比倫館的館長來鑒定一下**真偽**。那位館長看到後簡直傻了眼，想也不想就要出高價收購。家兄當然不肯，但為了答謝館長的鑒定，就讓館方把金璽上的圖像印在**泥膠**上用作展出。

「但沒想到，厄運就來了。」湯姆說。

「**厄運**？為甚麼這樣說？令兄得到**價值連城**的古董，應該說是時來運轉才對呀。」福爾摩斯說。

「我最初也是這樣想的。」湯姆歎了口氣，「可是，那個科恩少校原來在出售金璽之前，也用**泥膠**印下了幾塊金璽的圖像，還送了一塊給萊昂先生放在櫥窗上陳列，怎料給一位路過的美國學者看到了。那位學者識貨，立即買下那塊泥膠，和打聽它的出處。萊昂**不以為意**，就把科恩少校的地址告訴了他。」

「於是，那位美國學者就去找科恩少校了？」福爾摩斯問。

「沒錯。」湯姆答道，「那位學者專攻**巴比倫文明**，一看就知道那塊泥膠是從**真品**上印下來的，於是就去找科恩少校問長問短，這麼一來，就引起了少校的疑心。少校為了套取真相，就訛稱自己擁有真品。那位學者馬上說願出**五千鎊**收購，嚇得少校幾乎當場猝倒。於是，一場金璽爭奪戰就展開了。」

「原來如此……」福爾摩斯想了想問，「這確實會對令兄會造成一定困擾，但有人爭奪正好證明金璽值錢呀，怎會使令兄**心緒不寧**呢？」

「唉……因為家兄對巴比倫文明也有相當認識，他得到金璽後，就找來相關資料研究。沒料到，竟發現這枚金璽在不同年代都曾經引發多次激烈的爭奪，但每一次把它弄到手的人都會遭遇厄運，全部**死於非命**！」

「甚麼？」聞言，福爾摩斯、華生和布羅德里伯都感到慄然。

下回預告：在可怖的詛咒背後，原來隱藏着爭奪寶物的殺機！科恩少校、古董店店主萊昂和美國學者皆成為了疑犯，福爾摩斯如何找出真兇？

開心禮物屋

兒科踏入第15年了，這麼高興當然要跟大家一起分享！

★參加辦法★

在問卷寫上給編輯部的話、提出科學疑難、填妥選擇的禮物代表字母並寄回，便有機會得獎。

規則

截止日期：5月31日
公佈日期：7月1日（第183期）

★問卷影印本無效。
★得獎者將另獲通知領獎事宜。
★實際禮物款式可能與本頁所示有別。
★本刊有權要求得獎者親臨編輯部拍攝領獎照片作刊登用途，如拒絕拍攝則作棄權論。
★匯識教育公司員工及其家屬均不能參加，以示公允。
★如有任何爭議，本刊保留最終決定權。

A 太富翁瑪利歐賽車香港版 1名
讓大受歡迎的瑪利歐賽車在香港街道上飛馳！

B 迪士尼公主連梳妝台 1名
為你的公主精心打扮！

E 自製太陽能系統 1名
組合太陽板，為附送小電器發電！

F Hello Kitty幸福列車 1名
跟Hello Kitty一起玩旋轉木馬、小火車！

G Alien Reaction 連鎖效應實驗 1名
物理科學組裝，產生連鎖效應，有助認識動能與位能！

H ANIA動物園套裝 1名
砌出大型野生動物園，再額外送你兩隻恐龍Figure（款式隨機）！

I Crayola星球大戰虛擬設計畫冊 1名
在設計圖塗上獨一無二的色彩，即可透過手機欣賞完成品！

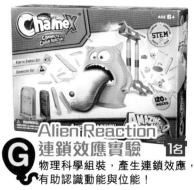

J 鱷魚夾夾樂 1名
不斷把鱷魚夾到肉塊上，但要保持平衡啊！

兒童的科學送大禮

15周年

C LEGO® Classic Bricks and Lights 11009

經典版套裝，還有兩個閃燈組件！ 1名

D TOMICA反斗車王打冷鎮城市道路套裝

（額外附送TOMICA車仔2部，款式隨機）

整個「車仔城市」重現眼前！ 1名

K 3D迷宮天才波 1名

整個球就是立體迷宮，你能引導鋼珠去到終點嗎？

1名

L BEAST遙控特技車

360度旋轉，做出各種不同的花式！

1名

M Huzzle解謎玩具「奏」

一個高音譜號加一個音符，巧妙變成解鎖難題！

2名

N 美斯泡泡足球（顏色隨機）

穿上特製綿襪，即可把肥皂泡當成足球！

3名

O 憤怒鳥蛋形拼裝車

（款式隨機）

自行組合出你的玩具車！

P 星光樂園Q版偶像Figure 6名

可愛的SoLaMi♥SMILE偶像組合！

第179期得獎名單

A	大富翁騙徒行者香港版	林泳賢
B	戰鬥機械人對戰套裝	李鍵林
C	100款家庭裝遊戲	鄭行茵
D	星光樂園遊戲卡 卡包福袋	鄭凱晴 張暟霖
E	大偵探福爾摩斯#42 連環殺人魔（豪華版）	陳奕臻
F	Avengers鋼鐵奇俠基地	鄒頌藍
G	Happy Birthday Mickey發聲公仔	黃映霖
H	ANIA恐龍Figure暴龍+三角龍	劉昊庭 蔡家寶
J	paper nano香港	梁正熹 潘悅盈

第177期得獎者（代領）

NEW 科技新知

植物

植物：告訴你，我口渴了！

快給我澆水！

如果植物想喝水時會親自告訴你，不但令我們易於打理盆栽，對農夫來說更是一大福音。一個希臘團隊研製出便宜的植物互聯網系統，只要極低價錢就可讓農作物「通知」農夫澆水！

植物互聯網

所謂「植物互聯網（Internet of Plants）」，其概念來自植物之間互相溝通的特殊系統，科學家利用各種感應器檢測植物狀態以判斷其需求。

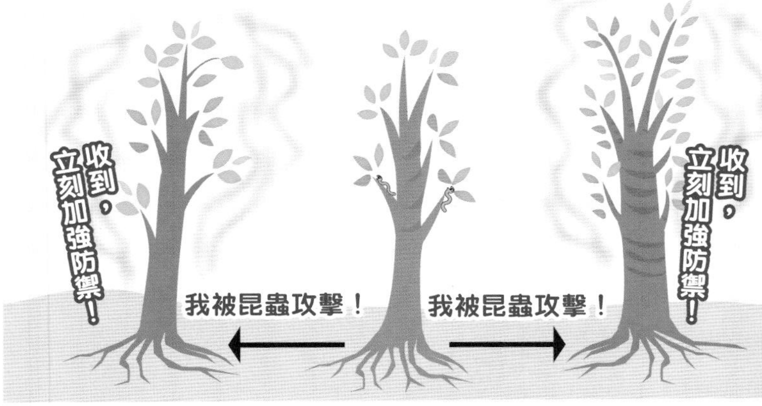

收到，立刻加強防禦！
我被昆蟲攻擊！
我被昆蟲攻擊！
收到，立刻加強防禦！

早有研究發現，植物會透過寄生在根部的真菌構築網絡，進行遠超我們想像的溝通交流。

如果我們也能了解植物的想法就好了。

廉價檢測裝置

2018年，一個希臘的科學團隊以檸檬、FM收音機、濕度感測器、天線等廉價工具，研發出植物水分檢測裝置，被視為植物互聯網科技的一大突破！

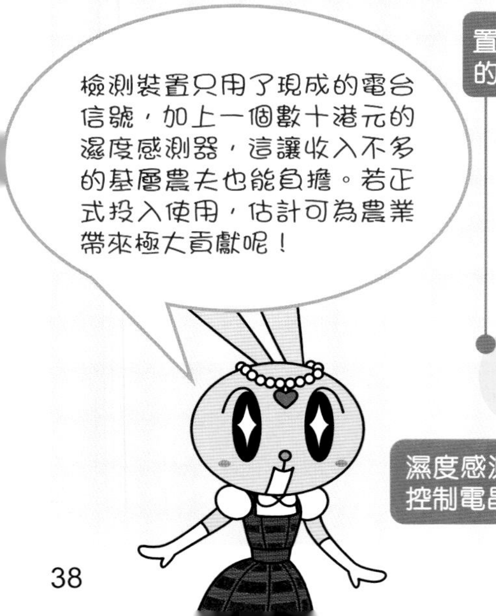

檢測裝置只用了現成的電台信號，加上一個數十港元的濕度感測器，這讓收入不多的基層農夫也能負擔。若正式投入使用，估計可為農業帶來極大貢獻呢！

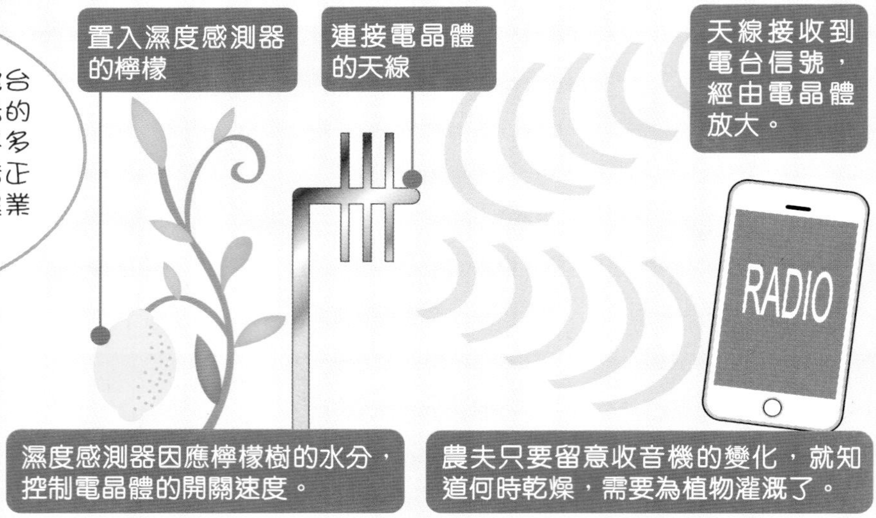

置入濕度感測器的檸檬
連接電晶體的天線
天線接收到電台信號，經由電晶體放大。
RADIO
濕度感測器因應檸檬樹的水分，控制電晶體的開關速度。
農夫只要留意收音機的變化，就知道何時乾燥，需要為植物灌溉了。

咔噠咔噠咔噠咔噠咔噠……

隨着機器上方的手掣被攪動，金屬碰撞聲此起彼落，刻有數字的輪子正不斷旋轉。0、1、2、3……當數字從9回到0時，上方的輪子便從0轉至1。同時，另一排轉輪也在轉動，顯示出2、4、6、8……

「噢！動了！」

「那些全都是偶數啊。」

觀眾都被這部如皮箱大小的古怪機器吸引住目光，紛紛向它的主人連呼驚歎。

「巴貝奇先生，這真有意思。」一個男人嘖嘖稱奇，「它在顯示數字不斷加2時的數列。」

「而且從剛才起都沒出過差錯，很厲害呢。」另一個女人也說。

「過獎了。」巴貝奇一邊轉動手掣，一邊微笑道，「機械運算是不會出錯的。」

只是，當輪子彷彿永無休止地轉下去時，觀眾驚奇的表情漸漸消失了。

察知眾人心思的巴貝奇就停下來，道：「對了，隔壁還有其他有趣的展品，別客氣，大家隨意參觀吧！」

「那邊好像有個自動機械女郎，造型還非常精緻呢。」一個男人向身旁的同伴道。

「真的嗎？那去看看吧！」

說着，兩人向巴貝奇**點頭致意**，轉身離去。其他賓客聞言也**陸陸續續**移師至隔壁，只剩下兩三個人仍在觀察那機器。

正當巴貝奇也準備步出房間時，冷不防被一個聲音叫住。

「巴貝奇先生，它就只會算出雙數嗎？」

他回過頭來，只見一名年約十七八歲的**少女**站在身後。她穿着時髦的洋裝，手執一枝精緻的手杖。巴貝奇認得那是著名的拜倫家女兒。

「拜倫小姐，那只是其中一種**功能**，畢竟這裏所展示的只是小部分結構而已。」巴貝奇禮貌地應道，「如果整體都製造完成，就能計算複雜數式。」

「真是個**有趣**又**怪異**的東西。」愛達・拜倫再次看着那機器說，「可惜仍未完成呢。」

「是有些可惜……」巴貝奇語氣一轉，興奮地道，「但不要緊，我有個更**先進**的構思，只要向機器輸入指令，就能做到更多事情！」

「哦，聽起來很有趣，我也想看看。」愛達**目光閃爍**，「但目前似乎言之尚早……」

她說得沒錯。

時值19世紀30年代，隨着**蒸汽動力**的發達與**蒸汽機**的改良，機械發展雖**一日千里**，但在未有電力與電子零件的情況下，要製造一部機器去進行複雜到人力難以企及的運算，依然是**天方夜譚**！

不過，**查爾斯・巴貝奇** (Charles Babbage) 就嘗試達成這目標。他與**愛達・勒芙雷斯*** (Ada Lovelace) 這位日後被譽為世界第一個電腦程式設計師合作，希望向世人展示機器的**極致**——一部由齒輪和轉軸等金屬零件構成、以蒸汽推動的「**電腦**」。那麼，他們究竟能否成功？兩人的相遇又將對電腦發展帶來甚麼影響？

初遇機械

1791年，查爾斯・巴貝奇於倫敦出生。其祖父和曾祖父都是一位

*即是愛達・拜倫，「勒芙雷斯」是她婚後從丈夫獲得的貴族封號。

金匠，而父親班哲明*則為一名成功的銀行家，且積攢了不少資產。

在這富裕的家庭中，巴貝奇及其妹妹備受愛護，也不乏得到**各色各樣**的玩意。每當他收到一件新玩具時，就會**好奇**地問：「媽媽，裏面是甚麼來的？」不過他通常得不到答案，於是就自行動手拆開那玩具一**探究竟**。

19世紀初，工匠以巧手製造出各種時髦又美麗的**自動機械物品**，並設置博物館招徠客人付費參觀。這對小巴貝奇而言，是非常誘人的娛樂活動。一天，母親伊莉莎白就帶他到漢諾威廣場*附近的機器博物館。他在那裏看到許多新奇有趣的玩意，例如精緻的鐘錶，還有**栩栩如生**的仿真動物機械。

「媽媽，裏面是甚麼來的？」

他端詳着一隻正彎頸吃魚的**銀色天鵝**，天真地説出那句口頭蟬時，一個陌生的聲音從旁傳來答案。

「裏面是我的**精心傑作**啊！」

巴貝奇扭頭一看，一個頭髮灰白的老人就站在他身邊。

「先生，你是誰？」

「我叫**梅林***，是個工匠，這些東西都是我製造出來的。」他向男孩稍微**彎腰致意**，「未知這位小紳士叫甚麼名字？」

「我叫查爾斯。」

「噢，查爾斯，你**喜歡**這些玩意嗎？」

「嗯！我很想知道裏面究竟是甚麼，為何它們可以動的？」

這時，天鵝似乎吃飽了，正緩緩抬起頭。

「呵呵呵！因為裏面有各種精細的**零件**，它們**互相配合**就能活動自如。」梅林指着面前的天鵝笑道，「對了，你想不想來我的工場看點更有趣的東西啊？」

「好啊！」

*班哲明．巴貝奇 (Benjamin Babbage)。　*漢諾威廣場 (Hanover Square)，位於倫敦梅費爾區。
*約翰．約瑟夫．梅林 (John Joseph Merlin) (1735-1803年)，英國著名的鐘錶與樂器工匠，也是一位發明家，設計過多款物品，例如滾軸溜冰鞋。

在得到母親的准許後，巴貝奇跟着梅林從一道側門離開展示廳，到轉角的樓梯慢慢拾級而上，最後來到頂層的一道木門前。

「進來吧。」老人推開門，側身請男孩進去，「歡迎來到自動機械的誕生地！」

那是一個大房間，中央擺了一張桌子，齒輪、彈簧以及一些不知名的零件和工具散佈其上。四周豎着像人一樣高的時鐘或是三角大鍵琴等東西，還有些木架立於牆邊，上面堆放了各種小型機械裝置。

忽然，巴貝奇的目光被兩抹銀影攫住了。

只見角落的檯座上擱着兩個機械人偶，它們都約有12吋高，各自擺出不同的姿勢。

「呵呵，你被那兩位淑女吸引住了嗎？」梅林笑道。他走上前啟動開關，人偶隨即徐徐活動起來。

其中一個先向前滑行，然後轉身回到原位，彎身鞠躬，動作流暢。另一個則是芭蕾舞者，正以優美的姿態跳舞，右手上更有隻鳥兒，隨着舞姿變化而拍動翅膀、開合嘴喙、翹起尾巴。

巴貝奇深深被眼前兩件美妙的人偶吸引，目不轉睛地細細凝視。

「漂亮吧？」梅林蹲在他身旁，手搭着他的肩頭輕聲道，「只是它們仍未完成的。」

男孩細心一看，就發現人偶背後有些地方外露，從中可看到細小的齒輪互相咬合，一環扣一環。他知道就是這些機械零件帶動人偶活動起來的。

這次經歷令巴貝奇印象深刻。許多年後，他在拍賣會再次與其中一個人偶重遇，便毫不猶豫以35英鎊*將之買下，自行替它修理機件，並穿上華美的衣服，放在家中的展示廳讓賓客欣賞。

另外，不只是機械，巴貝奇也對數學有濃厚興趣。他在十多歲時於恩菲爾德市*一所寄宿學校就讀，期間一度沉迷於代數。為爭取時間研習，他甚至跟一位同學在深夜離開宿舍，悄悄地躲在空無一人

*19世紀初1英鎊大約等於當時倫敦普通職員一星期的薪水。
*恩菲爾德 (Enfield)，現為英國大倫敦區域的自治市。

的課室內點着蠟燭做算題。只是最後「東窗事發」，被老師阻止，因為那會損害他們的健康。就這樣，深夜的學習時間結束了。

3年後，他離開學校，搬到劍橋附近準備應考大學入學試。

大學之夢

1810年，巴貝奇入讀**劍橋大學三一學院**，攻讀**數學**。為免落後於人，他入學前花重金買下法國數學家拉克魯瓦*的微積分課本仔細研讀。

後來，他因遇上不明白的地方，便去請教大學導師，但居然得到這樣的**答覆**：

「這些都不會在考試出現，就**毋須理會**了。」

「將時間花在更有用處的地方上吧，例如今年的考題範圍……」

只是，巴貝奇發現所謂考題仍圍繞着百多年前牛頓的研究。而且教授對新研究幾乎**毫無寸進**，亦不甚在乎外界**日新月異**的科學發展，只沉緬於昔日牛頓大放異采的光環。大學**陳腐守舊**與**不思進取**的氣氛令他非常失望。

然而，他不甘就此落後下去，遂與數名志同道合的同學組成「**分析社**」(Analytical Society)，希望為促進英國數學發展盡一分力。他們自行**翻譯**外國書籍，定期研討問題，就算遭受**抱殘守缺**的教授嘲笑也從不退縮。其間巴貝奇結識了不少同伴，如赫歇爾*、皮科克*等。與此同時，他開始萌發以**機械算數**的念頭。

某天黃昏，巴貝奇在分析社活動室內閱讀一本對數表*。他看着表上密密麻麻的數字，**昏昏欲睡**，思緒朦朧，**不知不覺**間就睡着了。

「喂！」

突然，他的耳邊響起一聲**叫叫**，登時被嚇得驚醒過來。他抬頭

*西爾維斯特．佛朗索瓦．拉克魯瓦 (Sylvestre François Lacroix) (1765-1843年)。
*約翰．弗雷德里克．威廉．赫歇爾 (John Frederick William Herschel) (1792-1871年)，英國天文學家、數學家及攝影師，尤對攝影作出重大貢獻。其父親弗雷德里克．威廉．赫歇爾 (Frederick William Herschel) 也是著名的天文學家，曾發現天王星。
*佐治．皮科克 (George Peacock) (1791-1858年)，英國數學家。
*有關對數，可參閱p.48的「知多一點點」。

一看，只見面前站着一名社員正吃吃地笑着。

「巴貝奇，你夢到了甚麼啊？」

那時，巴貝奇頓了一下，思緒慢慢清明過來。

「我……」他平靜地望着對方，指着桌上的對數表道：「我在想能否用機器去計算這些表。」

另一方面，雖然巴貝奇孜孜不倦地鑽研數學，一心想挽回劍橋以至英國科學的頹勢，但他可不只是在做研究。閒時他也會與同伴玩牌、下棋、到河上划艇。另外，他又參加各種社團如靈異俱樂部，去嘗試尋找鬼魂存在的證據，度過了多姿多彩的大學生活。

巴貝奇於1814年畢業，同年與女友喬治亞娜結婚。後來，他獲同學赫歇爾及其父親推薦，1816年成為皇家學會院士，並憑藉父親豐富的財力資助，繼續自行做研究。

詩人閨秀

正當巴貝奇與其新婚妻子展開甜蜜的新婚生活時，英國另有一對著名冤家也將共偕連理，那就是愛達的父母。男方是英國遠近馳名的大詩人拜倫[*]，而女方則是博學的淑女安妮貝拉[*]。1815年，兩人在對衡郡[*]的錫厄姆莊園[*]內舉行婚禮。同年12月，愛達就出生了。

拜倫生性風流不羈、喜怒無常、放浪形骸，極富文學想像力。相反，安妮貝拉則聰敏卻保守，且精於算計，甚至因其對數理的天分而被拜倫戲稱為「平行四邊形公主」。兩個性格南轅北轍的人竟締結婚約，一度在上流社會引起佳話。

只是，婚後二人卻很快交惡。就

*佐治．戈登．拜倫 (George Gordon Byron) (1788-1824年)，英國貴族 (第六代拜倫男爵)，亦為浪漫主義文學的代表人物，也當過上議院議員和革命組織領袖。

*安妮．依莎貝拉．密爾班基 (Anne Isabella Milbanke) (1792-1860年)，暱稱「安妮貝拉」，是貴族羅夫．密爾班基爵士的女兒。婚後改姓為安妮．依莎貝拉．露華．拜倫 (Anne Isabella Noel Byron)，通稱「拜倫夫人」。

*對衡郡 (County Durham)，位於英國東北部。

*錫厄姆莊園 (Seaham Hall)，為英格蘭鄉村別墅，現改建成酒店。

在女兒滿月時，安妮貝拉提出分居，回到位於愛爾蘭科克比的娘家。另一方面，傳媒乘機炒作，紛紛指責拜倫寡情薄倖。到1816年，拜倫終於受不了英國的紛擾，遠走他鄉去參軍。

此後，愛達就在母親極其嚴厲的教育下長大，並對父親之事一無所知，甚至連問也不被允許。

有一次，母女二人在花園散步，年幼的愛達忽然問：「媽媽，為甚麼其他人都有爸爸，但我沒有的？」

剎那間，安妮貝拉的表情變得十分可怕。她俯身瞪視愛達，就像看着甚麼怪物似的。

「你聽着。」她彷彿要極力忍住從喉嚨深處迸發的怒火，沉聲道，「以後不准再問這件事，知道了嗎？」

愛達登時嚇得說不出話來。

「知道了嗎？」母親再度厲聲問。

「知……知道，媽媽。」她這才結結巴巴地回答。

從小母親對愛達不算親暱，甚至可說是冷漠，但她還是第一次見到如此兇狠的表情，令自己心生畏懼，於是不再詢問下去。

別看那些書！來，學習這些算式吧！
POEM
MATH

不過，當1824年拜倫在國外戰死的消息傳來，舉國震驚，而8歲的愛達也終於知道父親的事情了。

其實，安妮貝拉所做的一切，都只為杜絕拜倫對愛達產生任何影響，以免女兒繼承了丈夫的放蕩。她甚至試圖壓抑愛達的文學想像力，只讓女兒學習數理科學。

相對而言，愛達很勤奮，而且很快就展現出其科學天分。在大約十多歲時，她就曾想過若人能在天空飛翔，郵差派起信來就會既方便又快捷了。但她不只兒戲地想像，還真的認真研究人要如何才能飛起來。她觀察鳥的活動，閱讀解剖學的書籍，了解鳥的翅膀構造，然後模仿雀鳥的形態，設計出一種飛行器。

拜母親之賜，愛達獲得充分的數理訓練，但她那豐富的想像力卻是安妮貝拉無法壓制的。事實上，愛達繼承了父母雙方的特質，展現出一種理性與感性結合的天賦。這種特質將在日後為巴貝奇闡釋那複雜的計算機器時，提供一大助力。

數學家的捷徑

就在愛達逐漸成長之際，於倫敦工作的巴貝奇正為修改對數表*一事忙得焦頭爛額……

1819年，巴貝奇與好友赫歇爾到巴黎旅行，對當地科學機構的嚴謹和先進大為讚歎。相比之下，英國就似乎停滯不前，皇家學會內甚至有院士沒接受過科學訓練。

回國後，他們與其他同伴於1820年成立倫敦天文學會*，致力於天文學研究，提升英國水準。後來，他們接到一項工作，就是為政府修訂官方航海曆。

航海曆記載了大量天體觀測的資料，例如行星的運行方位及其出現日子、與地球相差的角度等。航海人員透過這些資料，配合星體的實際情況，就能計算出自己的正確位置。這對遠洋航行非常重要，若數據出錯，可能令船隻迷失方向，甚至造成船毀人亡。

當時，計算機和電腦都尚未發明，要計算天體軌跡如此複雜的算式，就會動用數表。所謂數表，就是一個算式的答案列表。人們若想知道該算式在某一數值時的答案，只要翻查數表就一清二楚，以三角數列為例：

1 =1

1+2 =3

1+2+3 =6

1+2+3+4 =10

⋮

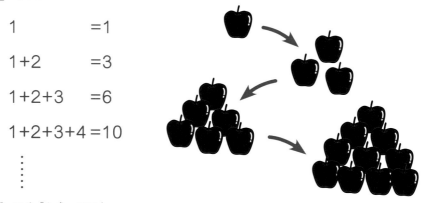

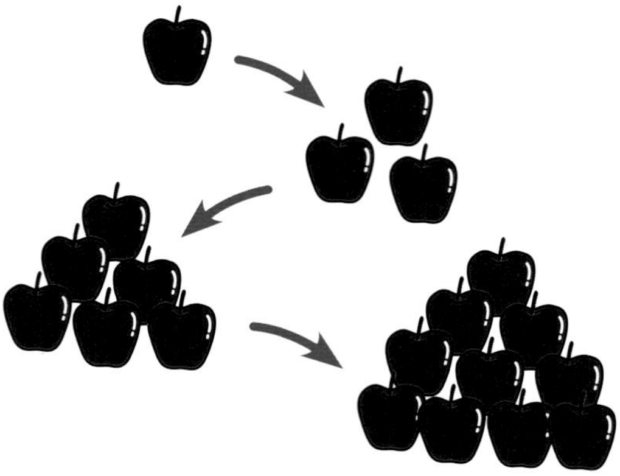

*有關對數，可參閱p.48的「知多一點點」。

*倫敦天文學會 (Astronomical Society of London)，1831年獲英王喬治四世頒發特許狀，成為「英國皇家天文學會」(Royal Astronomical Society)。

那麼，當數列到11302時又等於多少呢？若從頭開始計算，必定**費時失事**，而且容易**出錯**。後來就算人們發明了公式 $\frac{n(n+1)}{2}$ 以找出任何一個三角數，也須花點工夫吧。不過，人們只要翻到數表中記載11302三角形數該頁，便能直接得到答案，如此一來就節省不少時間和人力。

只是，製作數表需要靠人們事先計算編寫，再作多次**檢查**才能完成，其過程不但**枯燥**，而且抄寫時有機會出錯。據説巴貝奇和赫歇爾在檢查對數表時也曾**大發脾氣**……

「受夠了！花這麼多時間就只是看一堆**無聊的數字**！」巴貝奇把手上的對數表往桌上一扔，攤向椅背恨恨地道，「如果這些計算能由**蒸汽機械**準確完成，你説該有多好啊！」

「我相信可以的。」旁邊的赫歇爾也累倒在一旁，「你不是説過已有**構思**嗎？」

「對啊。」巴貝奇仰望着天花板説，「只要成功，人類就可從這些**乏味的工作**脱離出來了。」

「那何時動手啊？」

「現在就動手！」巴貝奇忽然從椅中彈起來，在一張白紙上畫了數筆粗略的線條，「我不想再等了！現在就是**好時機**！」

赫歇爾看着夥伴奮筆書寫的身影，忍不住問：「那麼這機器該叫甚麼名字？」

巴貝奇抬起頭來，目光灼灼，興奮地道：「**差分機**(difference engine)！」

究竟那部差分機是甚麼模樣？巴貝奇能否將之製造出來？他和愛達於何時碰頭相遇？而愛達又會如何幫助他呢？敬請留意下一期「電腦先驅」下集！

知多一點點

對數

古時數學家為了方便計算數值龐大的複雜算式，就發明了對數（Logarithm）。以 100 為例：

$10 \times 10 = 100$

故此可稱 100 是 10 的二次方，以數字顯示就是 10^2。

除此之外，還有另一種表達方式：

$\log_{10}100 = 2$

或簡單寫成：

$\log(100) = 2$

這數式的意思是，若以 10 為底數，2 是 100 的對數。

對數的其中一個功能是計算次方，而其神奇之處在於可將較複雜的乘法和除法，換成較簡單的加法和減法，如下方公式所示：

$\log(A \times B) = \log(A) + \log(B)$

$\log(A \div B) = \log(A) - \log(B)$

例如要計算出 3176×1245，人們翻查對數表時就會看到：

$\log(3176) = 3.50188$

$\log(1245) = 3.09517$

其意思是 3176 等於 10 的 3.50188 次方，亦即 $10^{3.50188}$；
而 1245 等於 10 的 3.09517 次方，亦即 $10^{3.09517}$。
當兩數相乘，就是 $10^{3.50188} \times 10^{3.09517}$，
利用上方的對數公式便可得到：

$\log(3176 \times 1245) = \log(3176) + \log(1245)$

$= 3.50188 + 3.09517 = 6.59705$

由此得知 $3176 \times 1245 = 10^{6.59705}$
只要翻查對數表，便會看到答案大約是3954121.41，若現代使用計算機則會得到3954120。

相反，若計算 $3176 \div 1245$，就運用以上的對數公式：

$\log(3176 \div 1245) = \log(3176) - \log(1245)$

$= 3.50188 - 3.09517 = 0.40671$

所以，$3176 \div 1245 = 10^{0.40671}$
再翻查對數表，就得到答案大約是 2.551，若現代使用計算機則同樣得出 2.551。

為何對數表的答案與計算機的有出入？這是因計算對數時，小數點後的數字過長而會省略尾數，以致出現微小的數值偏差，但數表對未有計算機的時代而言已是一大突破了。

讀者天地

不少讀者都對紅綠燈膠布很感興趣，但它尚在實驗階段，仍未推出市面，大家要耐心等候一下了！

▲感謝項亦曦小朋友送來的恐龍掛飾！真漂亮！

潘悅盈

我很喜歡這個新造型！在可愛和漂亮上我也會給10分滿分！

王感恩

兒科的生日在5月，今期已經正式踏入15周年了！

謝名洋

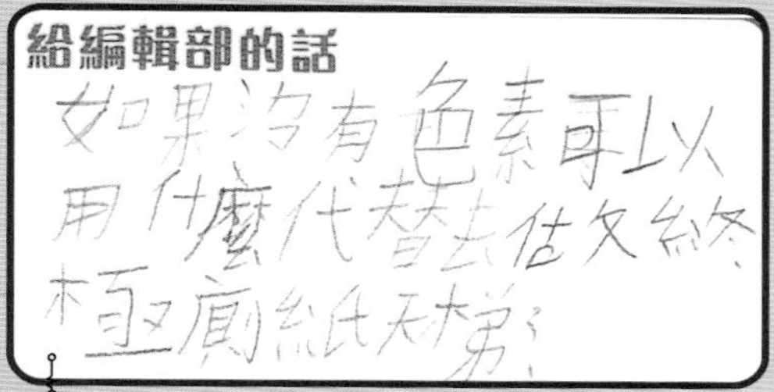

食用色素只為方便觀察而已，做實驗時用清水也可以啦！

趙朗庭

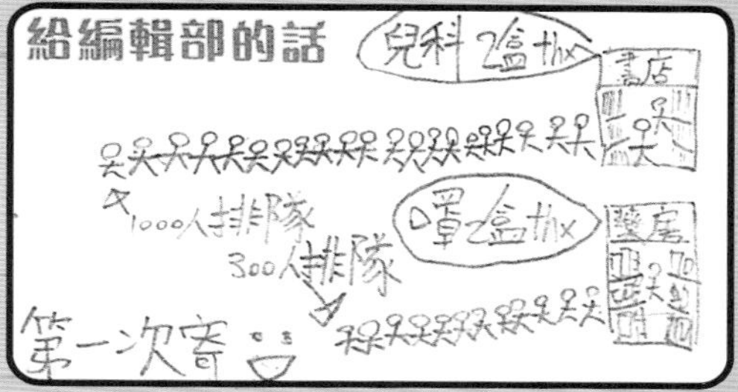

這位讀者真緊貼潮流！大家停課期間留在家中，買不到兒科或許比沒有口罩更令人着急！

夏天生

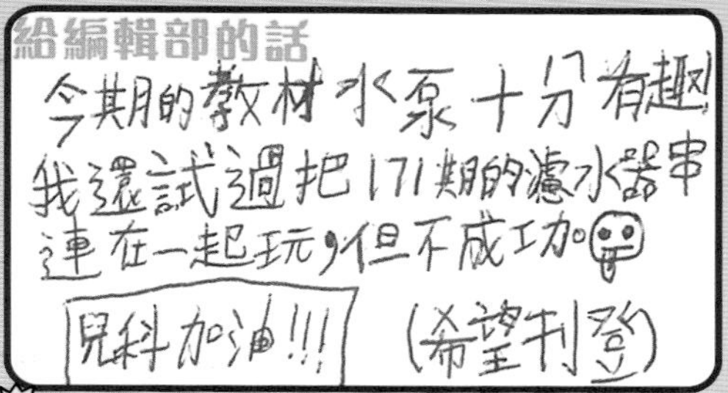

你是怎樣嘗試把它們串連在一起的？歡迎發照片讓我們看看！

姚浩軒

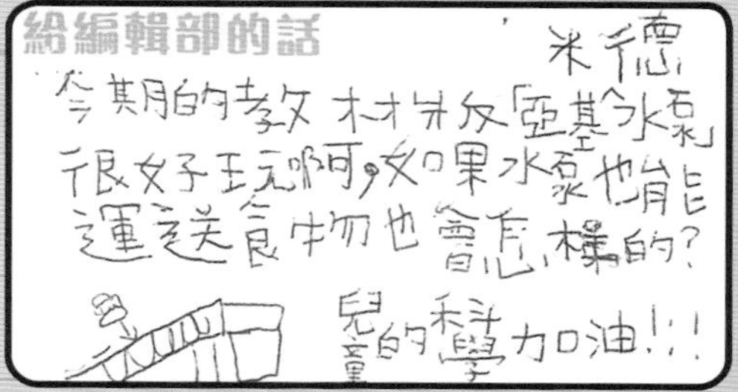

你的想法不錯！如果一間餐廳有兩層，就可以用水泵把下層廚房弄好的食物運到2樓了！

p.22 IQ挑戰站答案

Q1.

4	3	2	1
3	4	1	2
1	2	4	3
2	1	3	4

頓牛花園

3	1	4	2
2	4	3	1
1	3	2	4
4	2	1	3

迪蛙苑

Q2.

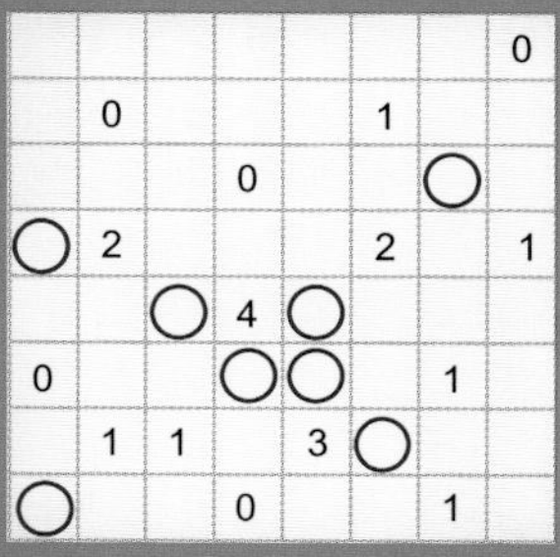

萊與特

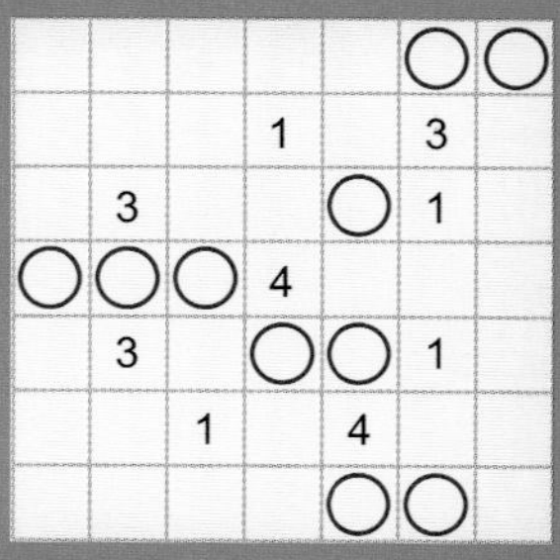

亞龜米閣

地球揭秘

地理

泥沙飄移之旅

雞翼角？那兒一定有很多雞翼吃！
二澳
雞翼角
分流
美食筆記
咦？我們又見面了！你還在尋龍嗎？*
不，我這次是來雞翼角吃雞翼的！但不知該如何走……
*可參閱第180期的「地球揭秘」。

沉積是甚麼？

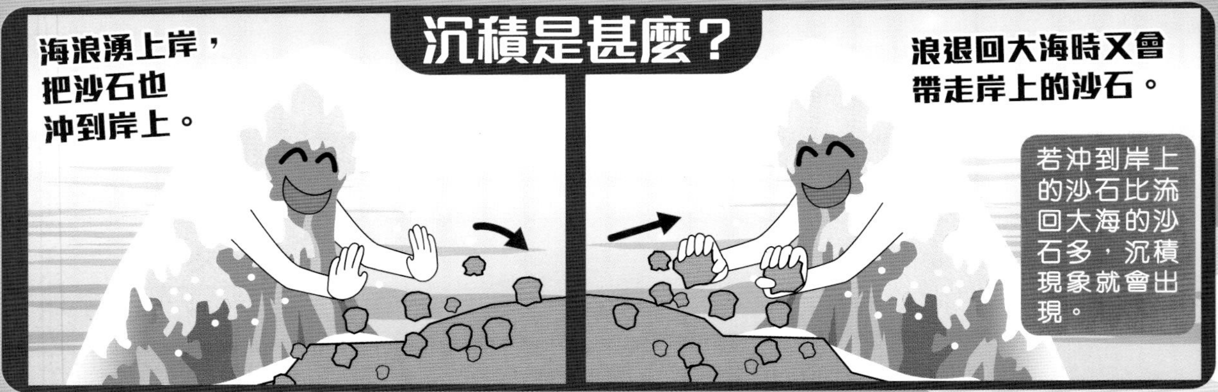

海浪湧上岸，把沙石也沖到岸上。
浪退回大海時又會帶走岸上的沙石。
若沖到岸上的沙石比流回大海的沙石多，沉積現象就會出現。

海灣 三面被陸地環繞，風力因受遮擋而較弱，使浪退回大海時帶走較少沙石，有利海灘形成。

沉積地形有哪些？

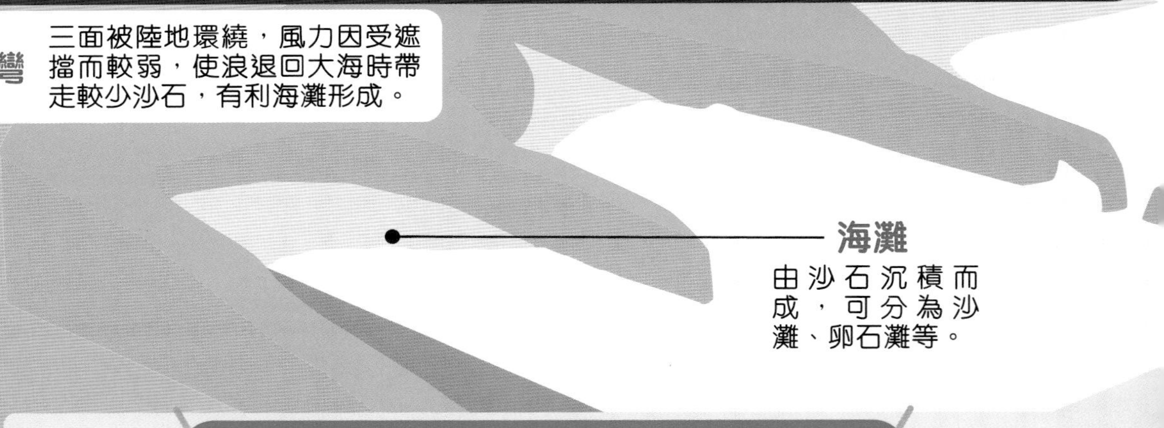

海灘
由沙石沉積而成，可分為沙灘、卵石灘等。

沙咀、沙壩及連島沙洲的形成過程

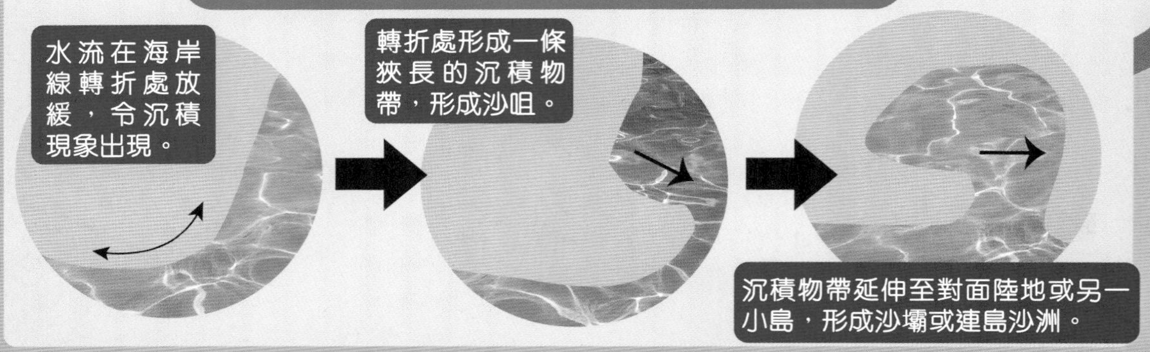

水流在海岸線轉折處放緩，令沉積現象出現。
轉折處形成一條狹長的沉積物帶，形成沙咀。
沉積物帶延伸至對面陸地或另一小島，形成沙壩或連島沙洲。

穿過那連島沙洲
就能到達了。
連島沙洲？
它是香港較常見的
一種沉積地貌。
當岩石受波浪衝擊而碎裂，那些顆粒就會隨水飄流並於近岸堆積，形成各種沉積地形。

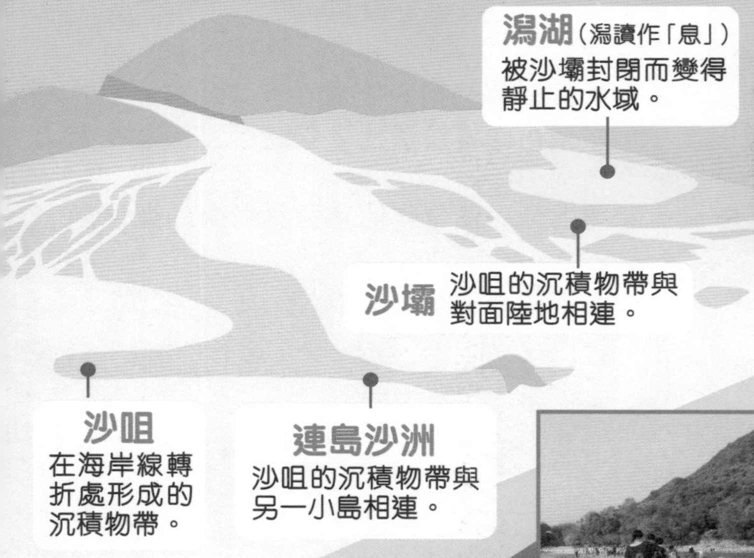

瀉湖（瀉讀作「息」）
被沙壩封閉而變得靜止的水域。
沙壩
沙咀的沉積物帶與對面陸地相連。
沙咀
在海岸線轉折處形成的沉積物帶。
連島沙洲
沙咀的沉積物帶與另一小島相連。

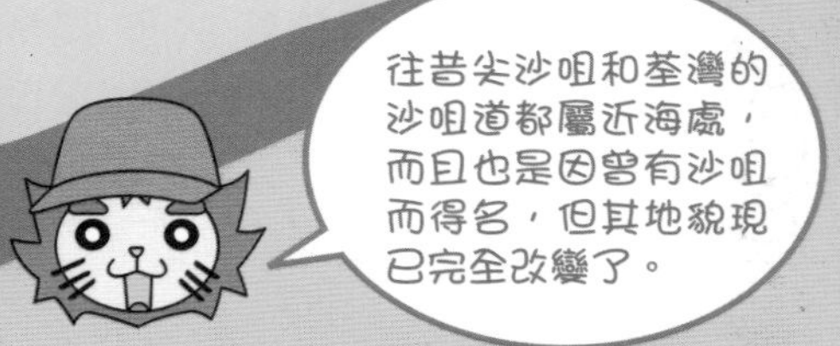

往昔尖沙咀和荃灣的沙咀道都屬近海處，而且也是因曾有沙咀而得名，但其地貌現已完全改變了。

Photo by Dennis Wong/CC BY 2.0

▲長洲本為兩個小島，後來島上的沙咀一直伸展並互相連接，形成連島沙洲。

▲有些連島沙洲只在退潮時才出現，潮漲時就要涉水而行。

為、為何還未找到雞翼啊？
你又弄錯了，這裏因北面凹陷、南面凸出，地形如一隻雞翼般，才叫雞翼角呢！

Photo by Minghong/CC BY-SA 4.0

▲位於貝澳的沙咀。

嗚嗚，我又被騙了！
先別哭，快付清我上次和今次的導賞費啊！

新型肺炎救地球？？

新型冠狀病毒疫情持續，不少國家都下令民眾須留在家中，以限制人口流動來抑制病毒散播，在各方面都帶來了不少影響。

大自然趁機休養生息？

全球不少地區因人們不外出，交通工具運作數量劇減、工廠停工，令空氣污染物及溫室氣體的排放量減少。例如科學家發現紐約的一氧化碳排放量比去年減少了一半，而二氧化碳的排放量也減少了 5 至 10%。

然而，科學家擔心疫情完結後，排放量會急速上升，使全球暖化及其帶來的氣侯變化更劇烈。

NASA

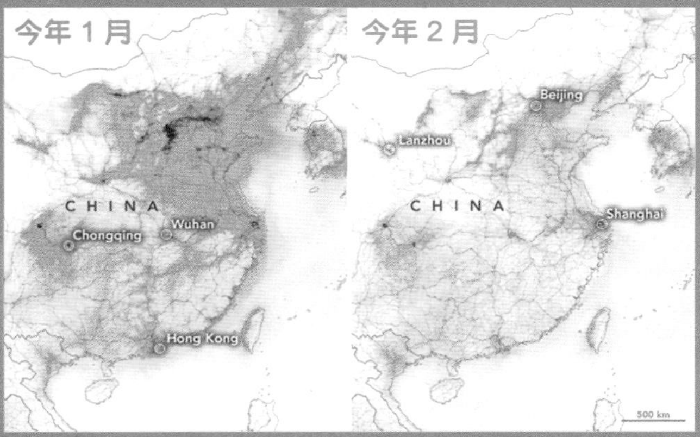

◀左面兩幅圖顯示中國的二氧化氮濃度，顏色愈深代表濃度愈高。這種氣體一般由燃燒化石燃料產生，對人體有害。從圖中可見短短一個月內，華北地區、重慶附近及珠三角地區的二氧化氮大幅減少。

黑洞觀測受礙

位於夏威夷的毛納基山天文台約 500 名工作人員因疫情不能上班，所以原定在 3 月底至 4 月初的觀測人馬座 A* 黑洞活動亦要取消。受天體運行及天氣所限，每年只有這段時間能進行觀測，下一次就要等到下年 3 月底了！

◀此天文台是事件視界望遠鏡的其中一個觀測站，去年 M87 黑洞照片的一部分數據就是由這裏取得。目前科學家正收集人馬座 A* 黑洞的數據，以合成第 2 張黑洞照片，但進度可能因疫情受礙。

M87 黑洞的照片

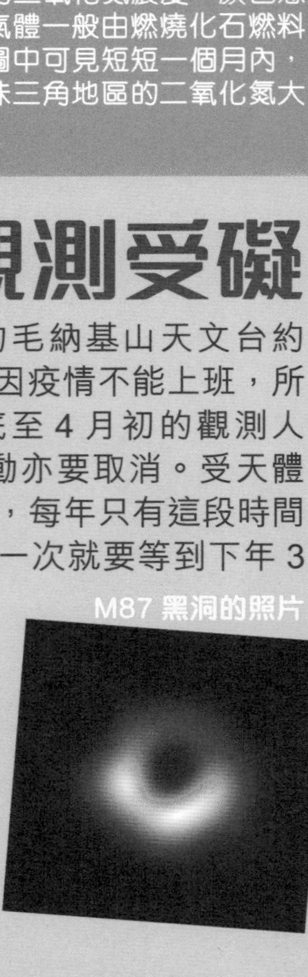

Photo by CucombreLibre/CC BY SA 2.0

大偵探福爾摩斯

地鐵站的「畫作」

「**啊——很悶啊——**」小兔子一邊打着哈欠抱怨，一邊慢吞吞地朝貝格街221號B走去。

當他來到樓下時，就聽到上方傳出多個**興奮**的呼喊聲。

「哈哈！我最快到達終點！」

「**六**、**六**、**六**！」

「真的是**六**！哼，你們都是**烏鴉嘴**！」

「這位置我霸佔了！快回到起點！」

「哎呀，真倒霉……」

「豈有此理，有好玩的東西也不叫我！」小兔子恨恨地**嘀咕**，於是加快腳步跑到樓上，「砰」的一聲踢開大門衝進房間。

「福爾摩斯先——」

「噢！小兔子你來了！」沒等小兔子説完，我們的大偵探就已先打斷對方，「快過來玩吧！」

「我們剛玩完一局，你正好可以加入！」華生也興奮地説。

「加入？」本來滿肚子**鬱結**的小兔子看見桌上擺了一個**棋盤**，頓時眼前一亮，立即跑了過去，「好啊！」

「哦？你也要玩嗎？」一個**嘲諷**的聲音響起，「輸了可別哭啊。」

這時，小兔子才瞧見愛麗絲原來也坐在桌邊，上揚的笑容登時崩塌了。

「你也在這裏啊？」

「當然了，這副**十字棋***是我在寄宿學校帶回來的。」愛麗絲笑道，「很好玩的啊，不過你不想玩就算了。」

「我當然要玩了！不過説起來，剛才我在街上看到人們拿着一張跟這副甚麼十字棋很相似的**圖畫**呢。」

「哦？」福爾摩斯好奇地問，「那你看到上面畫了甚麼嗎？」

「不清楚，只瞥見畫上也有**顏色鮮明**的**直線**和**橫線**呢。」

「竟然有這樣的畫作？」華生道。

「讓我帶你們去看看吧！」小兔子高興地説。一想到自己比我們的大偵探更見識淵博，他就把十字棋忘得**一乾二淨**，趕着要去炫耀一下了。

小兔子在前方輕跑着帶路，其餘三人則快步跟上。

眾人走了十多分鐘，就來到一個**地鐵站口**。小兔子舉手一指，説：「就是這張畫了！」

*英國十字棋是飛行棋的前身，部分規則如下：
①前進時，擲到「六」可以再擲一次，但擲到三次「六」，棋子就不能再移動。
②若棋子在有對手棋子的位置停下，對手就要把此棋子移回預備區。

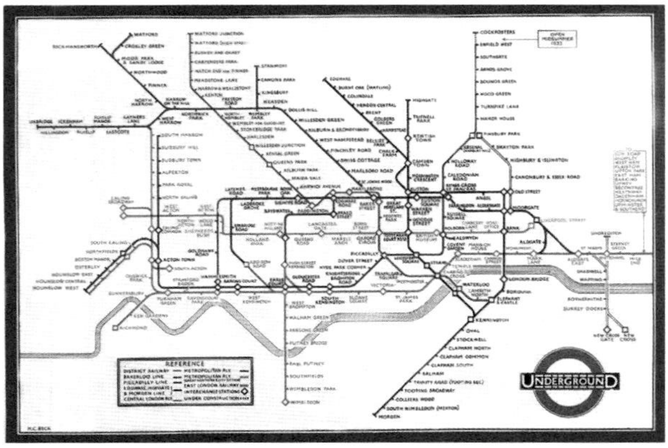
UNDERGROUND

果然，地鐵站附近的人們手上都拿着一張畫了些**顏色線**的紙。

「咦？那是甚麼？我幾天前乘地鐵時也沒看見啊。」華生**疑惑**地問。

「我們也拿一張看看吧！」愛麗絲說。

於是，四人步進地鐵站，在一個寫着「地鐵圖」的架子上拿到了這幅「畫」。

「啊，這不是甚麼畫作，而是地鐵圖！」福爾摩斯**恍然大悟**。

「不過，這幅地鐵圖跟以前的很不同呢。」華生邊說邊從口袋中掏出一張舊的地鐵圖，打開來給其餘三人看。

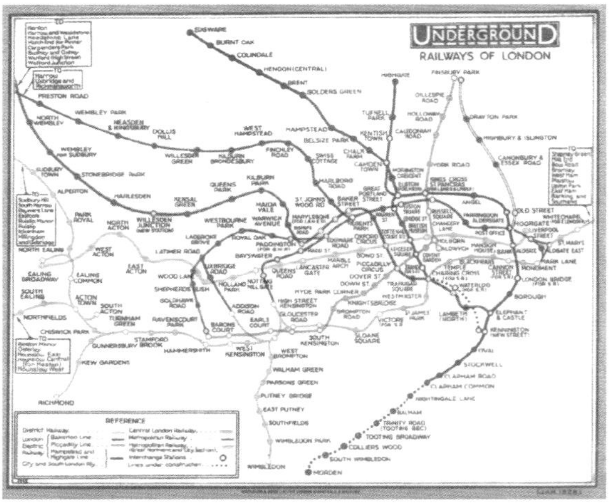
UNDERGROUND
RAILWAYS OF LONDON

福爾摩斯看了看新的地鐵圖，又與華生的舊地鐵圖**對比**一下，很快就得出了結論。

這幅新地鐵圖跟一般地圖不同，它只反映各車站的相對位置，並沒準確展示其地理位置及彼此間的距離，這種圖稱為拓樸地圖。
你們覺得新的地鐵圖怎麼樣？
當然是新的更好！舊地鐵圖的路線糾纏不清，令人看到眼花繚亂！
新的地鐵圖只有橫線、直線和45°角的線，看起上來很清晰。
沒錯，當我乘搭地鐵時，我只關心如何由一個站到達另一個站，而非它們之間的地理關係。看，因為紙張所限，有些偏遠的站更無法印在舊地鐵圖上呢！
SOUTH EALING
ACTON TOWN
NORTHFIELDS
CHISWICK PARK
TO Boston Manor Osterley Hounslow East Hounslow Central (for Heston) Hounslow West
KEW
嘿！你們都說出了拓樸地圖的特點。為了簡單地傳遞重要信息，東西可隨意變形和扭曲，這也是拓樸學的本質。
拓樸學？

拓樸學研究空間經過壓縮、扭曲、拉扯，但沒有切斷的情況下維持不變的性質。

在傳統幾何學中，正方體、長方體、球體、錐體各有不同，但在拓樸學卻是一樣的，因為它們經過變形後可互換，這稱為拓樸等價。

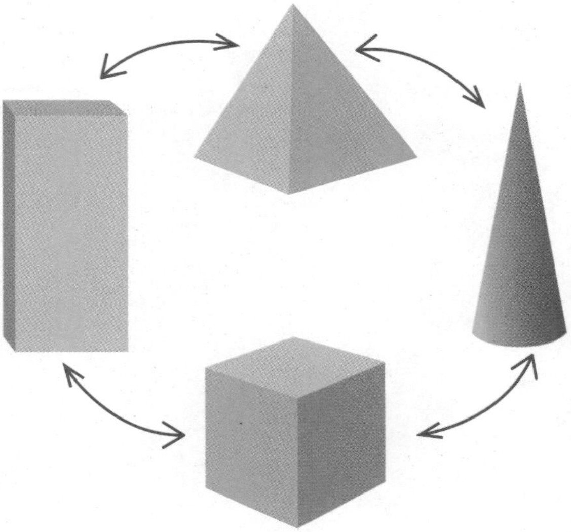

就如玩泥膠一樣，你可以把正方體搓成球體。雖然其外觀和形狀改變了，但它仍然是泥膠。

再舉一例，冬甩和咖啡杯都只有一個洞，所以可透過變形把冬甩變成咖啡杯，反之亦然。

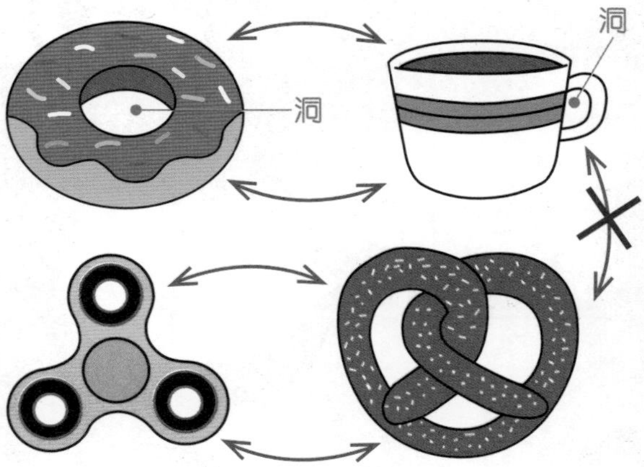

然而，我們不能將咖啡杯變成蝴蝶餅。因為蝴蝶餅有三個洞，無法在不切斷咖啡杯（開洞）的情況下改變成蝴蝶餅的形狀。不過，我們卻可把蝴蝶餅變成指轉陀螺，原因是兩者都有三個洞。

「唔……」正當華生仍在消化大偵探的講解時，卻看見蘇格蘭場孖寶押着犯人步出閘門。

「嗨！華生醫生、福爾摩斯先生！我——」李大猩興奮地向二人打招呼，正要炫耀自己抓到犯人的**威風事跡**時，旁邊的狐格森卻搶先開口了。

「今天真幸運！我剛剛在追捕逃犯，他逃進了擠擁的地鐵站，打算用人羣做掩護時，眼尖的我一下子就認出來，把他抓住了！」

「哼！你別聽他胡說，其實犯人在地鐵站內迷路了，不知逃往何處，才讓狐格森有機會發現他。不過，若不是我及時將他制服，犯人早已逃之夭夭了！」

「哦，如此說來，**複雜的倫敦地鐵系統**才是抓住犯人的英雄吧？」福爾摩斯戲謔地說。

「當然不是！」在吵嘴的孖寶異口同聲地說。

「我才是英雄！」

「我才是！」

這時，福爾摩斯悄悄地對華生說：「所以，如非必要，查案時我還是愛乘車。」

知多一點點

其實，倫敦地鐵圖起初跟一般地圖無異，直至1931年英國工程師哈利．貝克（Harry Beck）設計出全新的拓樸地鐵圖，其設計理念後來更被廣泛應用到世界各地的地鐵圖上去呢。

讓我告訴你們
更多有關老虎

© Souvik Kundu / WWF

老虎小知識

以視覺和聽覺為主要感官，嗅覺較不靈敏。
尾巴有保持身體平衡和表達情感的作用。
身上的斑紋像人類指紋一樣獨一無二。

野生老虎的危機

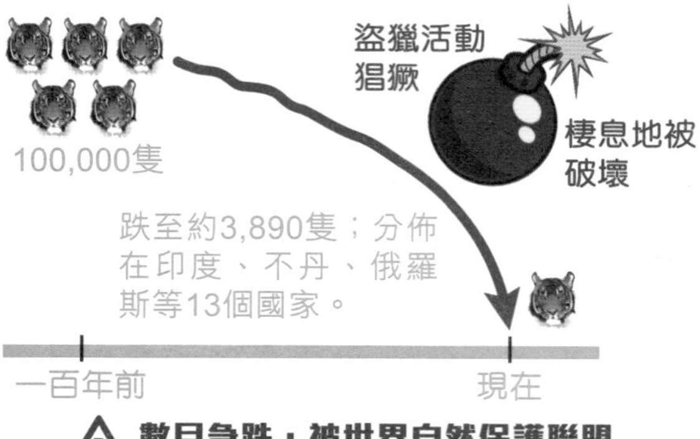

跌至約3,890隻；分佈在印度、不丹、俄羅斯等13個國家。

數目急跌，被世界自然保護聯盟（IUCN）列為瀕危級別物種！

護林員的任務

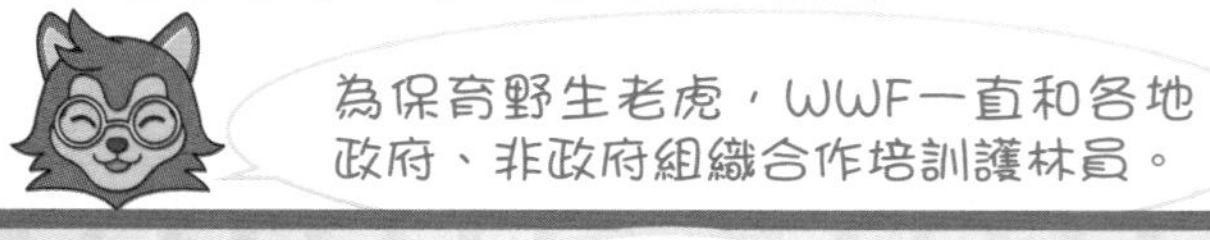

為保育野生老虎，WWF一直和各地政府、非政府組織合作培訓護林員。

MISSION 1
定時巡邏
很多動物愛在大清早出沒，故我們約在早上4時便要起床巡視保護區。
然後一起商討發現及作出行動，在傍晚或要再次巡邏。

MISSION 2
撲滅山火
護林員要防止和撲滅山火，以保護老虎的食物來源。在旱季時更幾乎每日都要這樣做！

MISSION 3
記錄保護區動向

護林員要一眼關七，記錄事件並拍下相片。

大多配備GPS（全球定位系統）裝置，把發現即時傳回總部分析。

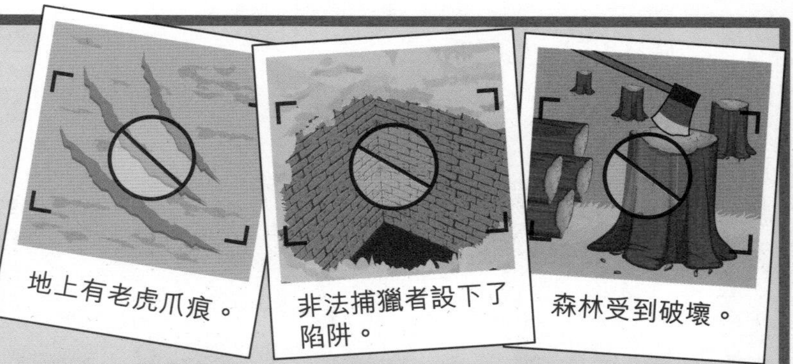

地上有老虎爪痕。
非法捕獵者設下了陷阱。
森林受到破壞。

MISSION 4
打擊罪案

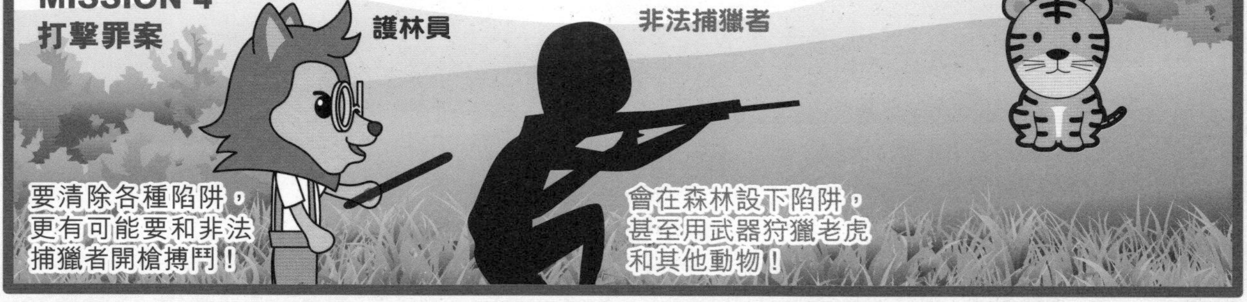

護林員
非法捕獵者
要清除各種陷阱，更有可能要和非法捕獵者開槍搏鬥！
會在森林設下陷阱，甚至用武器狩獵老虎和其他動物！

MISSION 5 保持良好社區關係

若護林員和社區有緊密聯繫，保育的成功率就會大增。

村民會向他們報告陷阱及非法捕獵者的位置。
護林員也會幫助興建圍欄，防止老虎因飢餓而傷害村民。

MISSION 6
協助生態旅遊

護林員熟悉保護區的環境，可為遊客制定安全、有趣的生態路線。他們亦會擔任嚮導，以尊重生態的方式帶領遊客遊覽。

護林員的好幫手——紅外觸發相機

©CUDDEBACK

我們拍下了不丹野生老虎的另一面！

吼！這部長方形的東西是甚麼？

©DoFPS/ Bhutan

護林員將相機綁在樹幹，一旦有動物接近，它就會開始錄影。這不但可加深對老虎的認識，更可監控非法捕獵活動。

©DoFPS/ Bhutan

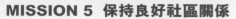

天氣寒冷，快快去找食物。

若你也想保育老虎，可捐款協助護林員購買相機！
一起觀看更多老虎絕密影片！

KC天文教室

無盡驚喜的伽利略衛星

梁淦章工程師
香港天文學會
太空歷奇

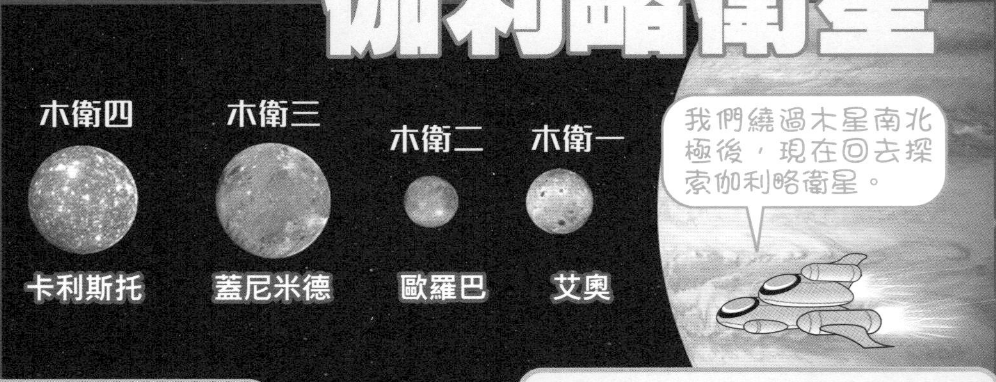
木衛四
木衛三
木衛二
木衛一
卡利斯托
蓋尼米德
歐羅巴
艾奧
我們繞過木星南北極後，現在回去探索伽利略衛星。

伽利略衛星是木星4顆最大的衛星，由意大利天文學家伽利略在1601年用望遠鏡觀測木星時發現。
它們的軌道非常接近木星，因而被其引力鎖定，永遠以同一面向着木星，就像月球永遠以同一面向着地球，這稱為潮汐鎖定。

木衛一——艾奧

- 太陽系中火山活動最激烈的星球。
- 表面除了數以百計的火山口外，幾乎找不到撞擊坑（隕石坑）。
- 火山不停噴發大量硫磺，其噴發高度可達300公里。
- 熔岩、各種顏色的硫磺及硫化物佈滿其表面。
- 地殼受木星、木衛二及木衛三的引力拉扯而變歪，產生極高溫的潮汐熱，引發不停的火山活動，因而令地貌不斷改變，地質年齡非常年輕。

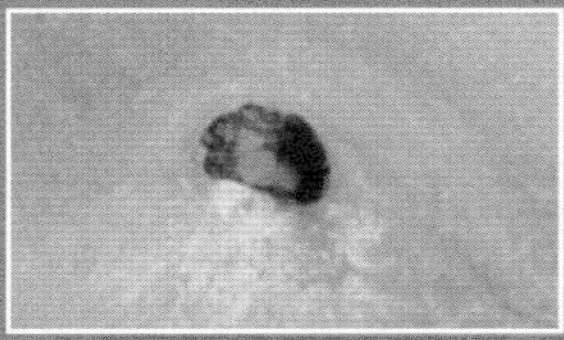

亮紅色的部分是火山噴發後的沉澱物，而周圍暗黑部分像是一個火山裂口。

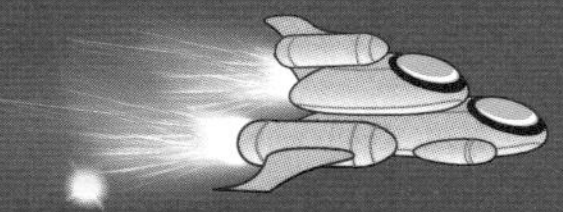
讓我飛近一點，近距離觀測木衛一的特殊地貌！

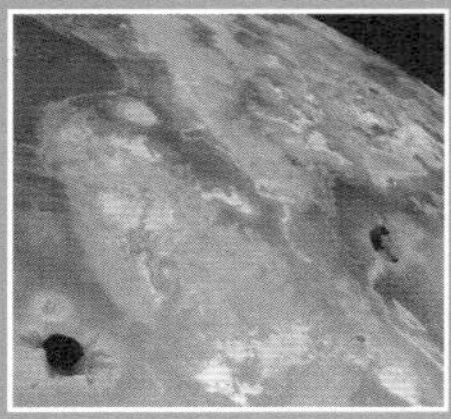

這高緯度地區有一大片白色明亮的沉積物，像蓋了一層清晰的霜。

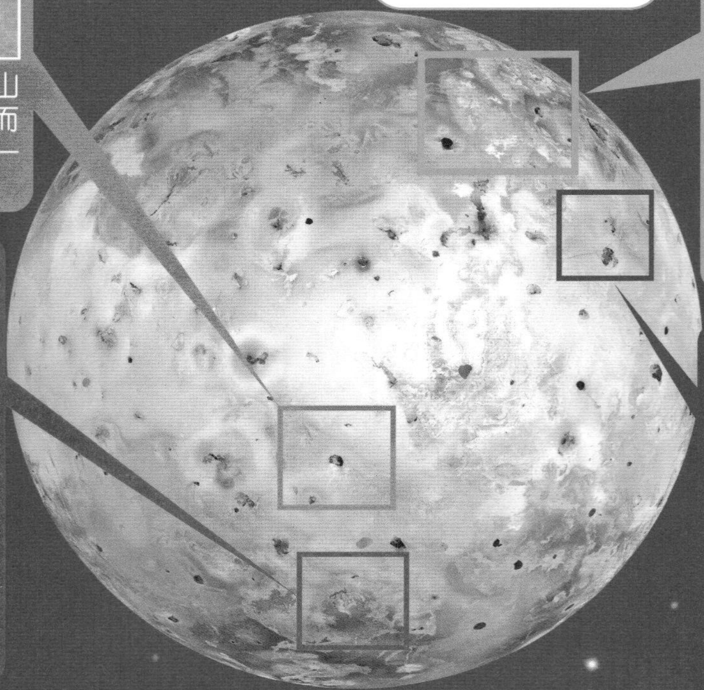

火山中心區域滿佈火山口流出的硫磺熔岩。白色部分是因火山噴出的煙柱含二氧化硫，冷卻後形成白雪飄落地面。

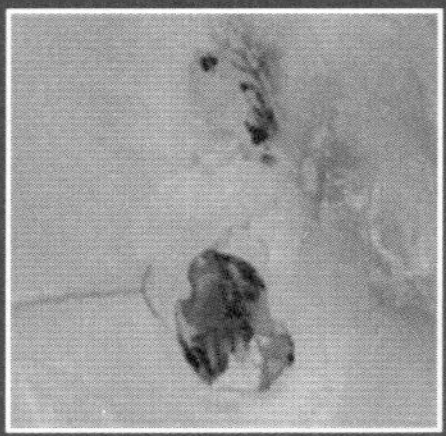

細緻的彩色地貌顯示熔岩及含硫沉積物是由複雜的混合物構成。

Photo Credit: NASA

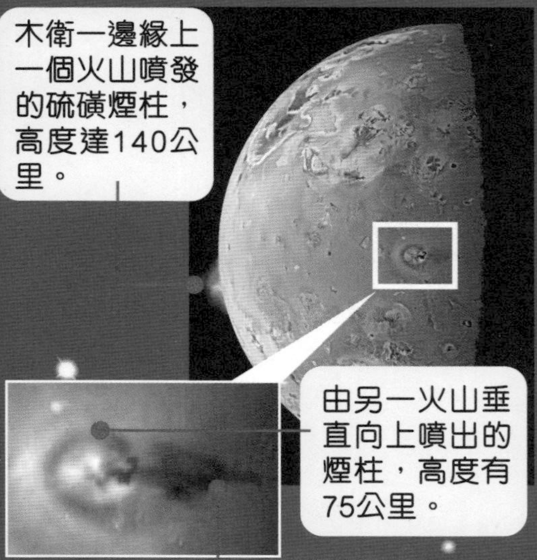

木衛一邊緣上一個火山噴發的硫磺煙柱，高度達140公里。
由另一火山垂直向上噴出的煙柱，高度有75公里。
煙柱長長的陰影

另外，木衛一對木星的磁場有很大影響。

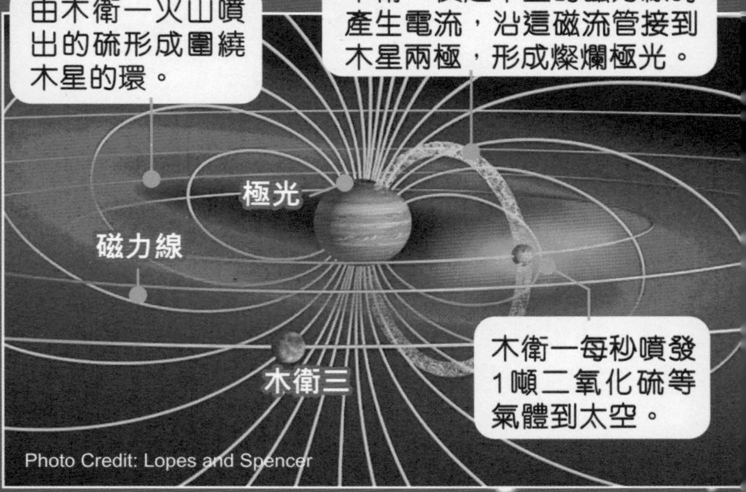

由木衛一火山噴出的硫形成圍繞木星的環。
木衛一橫越木星的磁力線時產生電流，沿這磁流管接到木星兩極，形成燦爛極光。
極光
磁力線
木衛三
木衛一每秒噴發1噸二氧化硫等氣體到太空。
Photo Credit: Lopes and Spencer

木衛四 —— 卡利斯托

- 太陽系中撞擊坑密度最高的星球，顯示表面地質非常古老及不活躍。
- 表面滿佈撞擊坑，混集明亮的斑塊，估計是撞擊時把底層的冰挖出來。
- 地面沒有山，估計是由冰的移動把表面掃平。
- 大型撞擊坑有多個像裂縫的同心環圍繞，估計是水從地殼下漏出地面所致。
- 地層下有鹹水海洋。

Photo Credit: Lunar and Planetary Institute

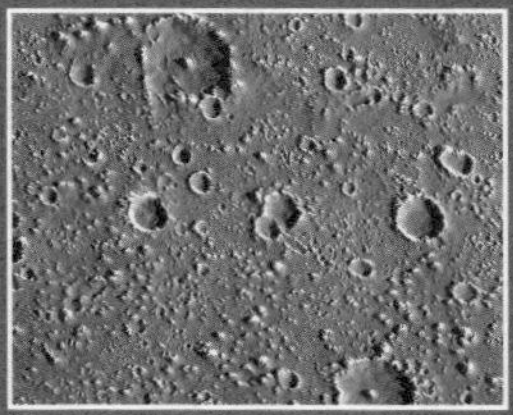

古老的地面上撞擊坑的密度極高，其中大撞擊坑數量較多。坑內壁至坑底覆蓋着一層移動的暗黑物質，可能是冰。

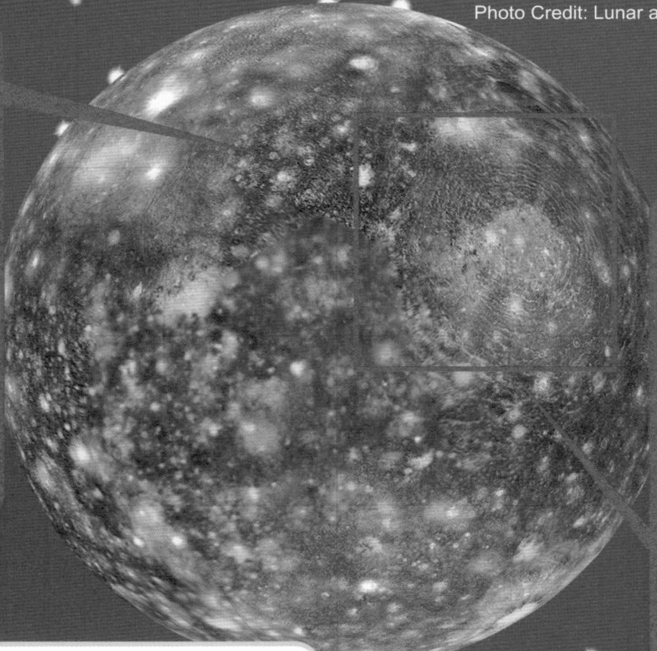

Photo Credit: NASA

木衛四上最大的撞擊坑，直徑4000公里，是太陽系中最大的多環撞擊坑。這些環可能是隕石撞擊脆弱的岩石層時，下層的半液態或液態物質向撞擊中心點陷落而形成。

木衛四與活潑好動的木衛一完全相反，非常沉寂呢！

不知另外兩顆伽利略衛星是怎樣的呢？

下期我們繼續去探索吧！

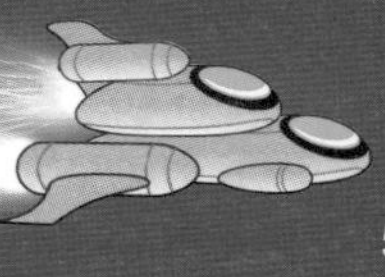

曹博士信箱 Dr.Tso

香港中文大學
生物及化學系客席教授
曹宏威博士

如果世上沒有細菌和病毒的話會怎樣？

郭綽元　油麻地天主教小學（海泓道）　四年級

細菌和病毒都是微生物學中的分類，其實微生物中還有真菌，它比細菌還大。病毒則比細菌小，而且並不是一個完整的生命個體，最初更因其體積最小而被誤認為「濾過性細菌」。它只有一個蛋白質的殼，包裹着一條專管遺傳的核酸鏈，須千方百計鑽進細胞內，借主家的繁殖工具才可繁衍。今日肆虐全世界的「新冠病毒」就是一種很兇惡的病毒！

世上生物種類繁多，細菌和病毒都是當今適應下來的物種。它們彼此互相依賴圖存，正如剛説過的病毒雖小，但它可以依附在細菌、植物細胞或動物細胞裏繼續寄生下去。要像你説的「沒有了」就不容易。因為藥物或化學品只能小範圍消毒殺菌，不會因此整個地球就沒有細菌和病毒！所以你要求的場景應該是：「如果盤古初開時沒有細菌和病毒，今日會怎樣？」

我相信：亦會有這個級數體積的微生物參加生物圈的大逐鹿，適者生存。

招募微生物
填補細菌及病毒的空缺！

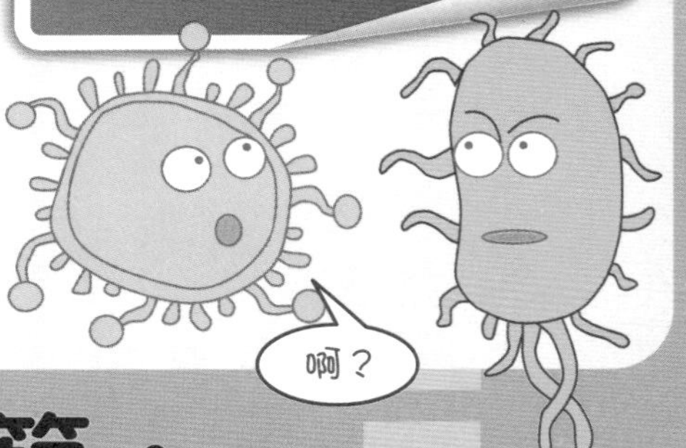

為何雪糕放進冰箱，但不會變成冰？

陳蕙　丹拿山循道學校　五年級

水有三態，並隨溫度增高而變化，它們是固態（冰）、液態（水）、和氣態（水蒸氣）。而雪糕是一種特別的固態；不過它不是純水，當中成分包含牛奶蛋白、脂肪、糖分、香料、冰晶等，由於在製作過程中打進了空氣，產生大量氣泡，被困在冷凝中的糕漿成分之中，形成「糕」的狀態，所以十分鬆軟，吃起來有特別的口感。

即使不用放大鏡，也可約略看到雪糕中的氣泡。

融化的雪糕不但無法復原成糕狀，還會滋生如李斯特菌等的有害細菌啊！

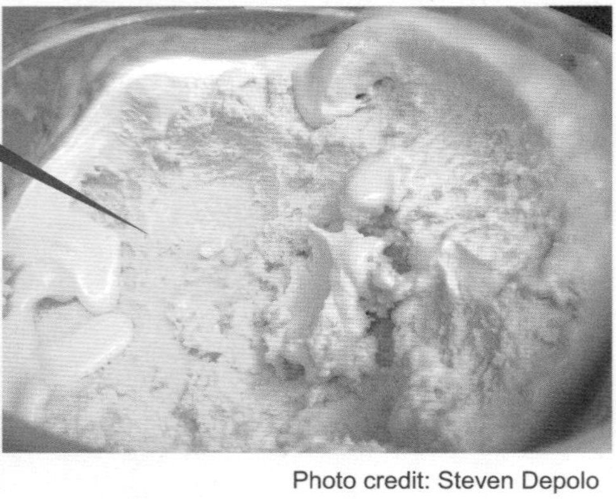

Photo credit: Steven Depolo

只要將雪糕儲存在低於某個溫度的地方，使原來成分的形態不變或少變，氣泡就既不會移位，也不會散逸，糕的狀態就會穩定下來，使口感保持軟滑。一旦雪糕融化，氣泡散走，即使把剩下的成分放回冰箱，也只會凝結成硬糖塊，變不回雪糕，像吃雪條一樣。

為鼓勵讀者多思考多發問，編輯部將向被選中刊登問題的讀者寄出紀念品一份！

科學Q&A
第一百零九話
遊樂場大比拼
漫畫◎李少棠　上色協力◎周嘉詠
劇本◎《兒童的科學》創作組
真是和平……
哇！
砰
嗚……小Q！
小松？
你在幹甚麼？
玩鞦韆
怎能這麼大意？
很危險的！
咿—咿—
這個…
哈哈，
你失敗了！

到我了，今次一定成功！
你們在玩甚麼？
我們在挑戰鞦韆大迴環，看誰首先能繞一圈。
這是不可能的啦。
為甚麼？
嗚~~~~
砰
你們知道鞦韆為甚麼不用別人推也會動嗎？
咔嘞
咦，說起來又沒想過…
這是因為我們給予力量推動它呀。
咿呀

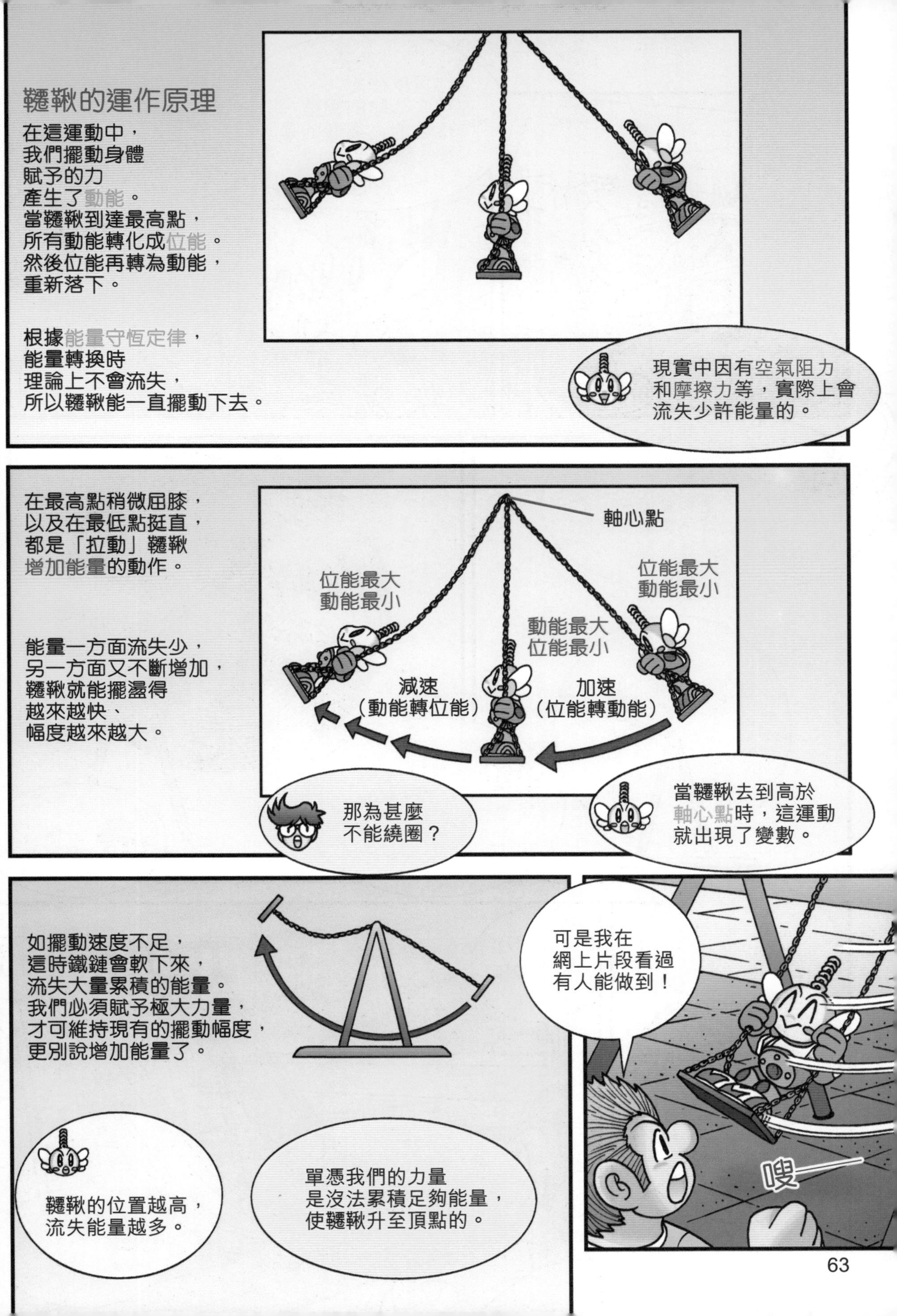

鞦韆的運作原理
在這運動中，
我們擺動身體
賦予的力
產生了動能。
當鞦韆到達最高點，
所有動能轉化成位能。
然後位能再轉為動能，
重新落下。
根據能量守恒定律，
能量轉換時
理論上不會流失，
所以鞦韆能一直擺動下去。
現實中因有空氣阻力和摩擦力等，實際上會流失少許能量的。
在最高點稍微屈膝，
以及在最低點挺直，
都是「拉動」鞦韆
增加能量的動作。
能量一方面流失少，
另一方面又不斷增加，
鞦韆就能擺盪得
越來越快、
幅度越來越大。
軸心點
位能最大
動能最小
位能最大
動能最小
動能最大
位能最小
減速
（動能轉位能）
加速
（位能轉動能）
那為甚麼不能繞圈？
當鞦韆去到高於軸心點時，這運動就出現了變數。
如擺動速度不足，
這時鐵鏈會軟下來，
流失大量累積的能量。
我們必須賦予極大力量，
才可維持現有的擺動幅度，
更別說增加能量了。
鞦韆的位置越高，流失能量越多。
單憑我們的力量是沒法累積足夠能量，使鞦韆升至頂點的。
可是我在網上片段看過有人能做到！
嗖——

啪
你可以想想
那些韆鞦的構造，
玩耍的人握着的是否
那些鐵鏈？
不！
是直棒！
直棒能夠一直
支撐軸心點，
所以能量不會流失，
這樣就能不斷累積能量，
直至突破最高點了。
直棒
如果把
軸心點改為
可360度旋轉，
更可以不停繞圈呢。
嗖
嗖
嗖
好像很
刺激！
那我們比試
別的東西吧。
好，
就這個！
咦？
甚麼？

我們看誰
最快滑下來！
我比小松重，
當然會快過他！
唔……
這很難
分勝負吧。
怎會啊？
對，那就
比試一下！
準備好
了嗎？
開始！
嗖

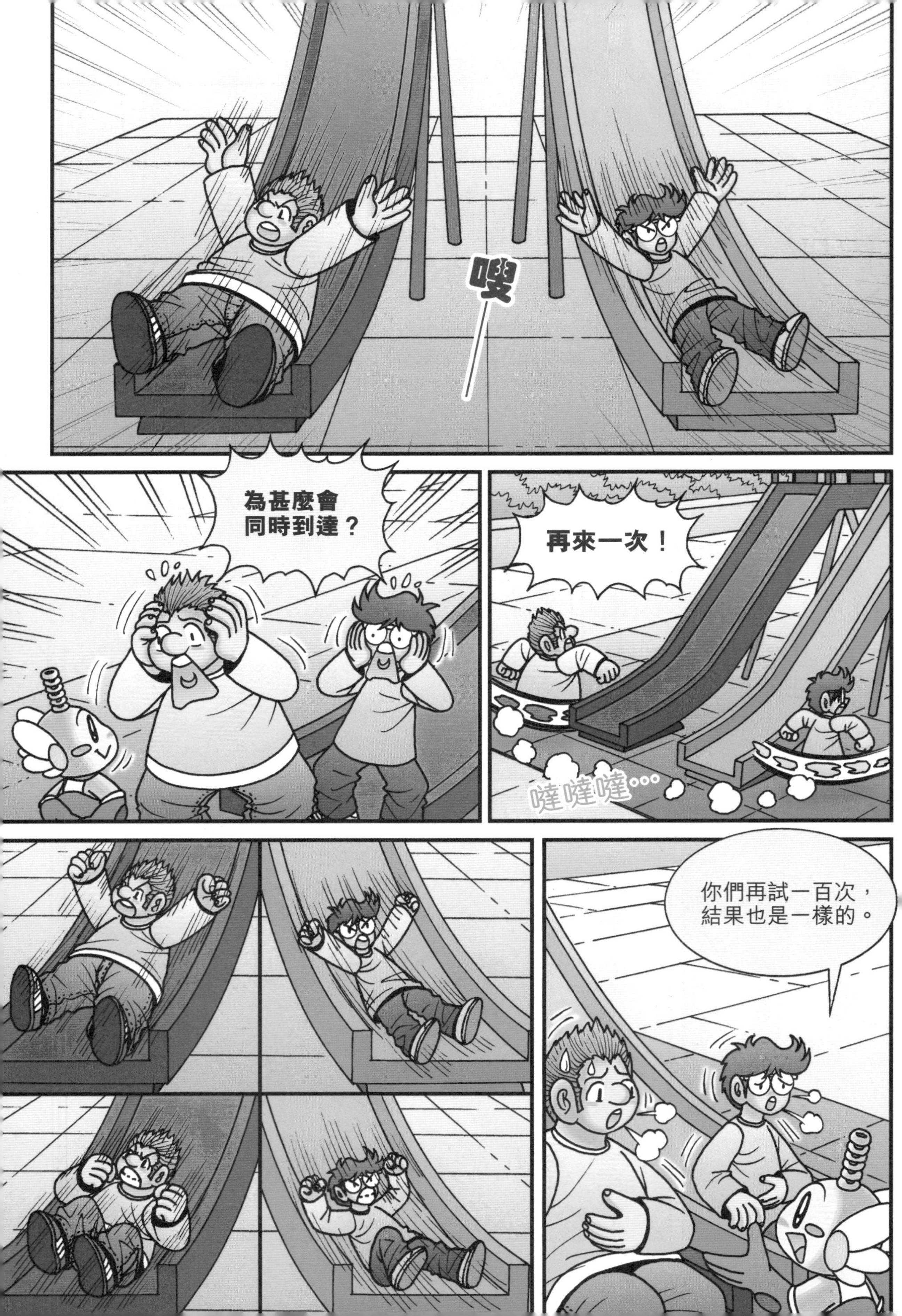
嗖
為甚麼會
同時到達？
再來一次！
噠噠噠…
你們再試一百次，
結果也是一樣的。

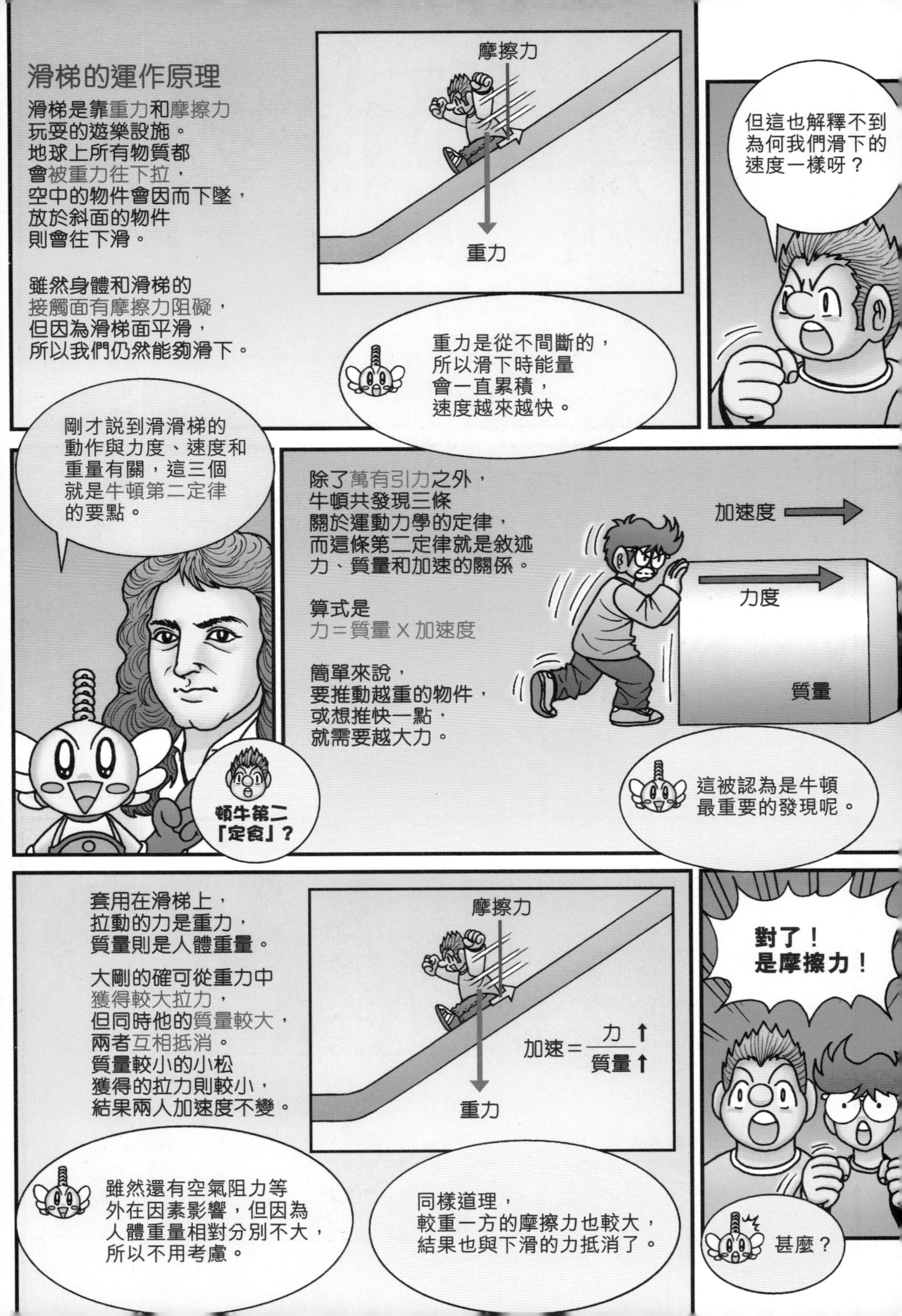

滑梯的運作原理
滑梯是靠重力和摩擦力玩耍的遊樂設施。地球上所有物質都會被重力往下拉，空中的物件會因而下墜，放於斜面的物件則會往下滑。
雖然身體和滑梯的接觸面有摩擦力阻礙，但因為滑梯面平滑，所以我們仍然能夠滑下。
摩擦力
重力
重力是從不間斷的，所以滑下時能量會一直累積，速度越來越快。
但這也解釋不到為何我們滑下的速度一樣呀？
剛才說到滑滑梯的動作與力度、速度和重量有關，這三個就是牛頓第二定律的要點。
頓牛第二「定食」？
除了萬有引力之外，牛頓共發現三條關於運動力學的定律，而這條第二定律就是敘述力、質量和加速的關係。
算式是
力＝質量 X 加速度
簡單來說，要推動越重的物件，或想推快一點，就需要越大力。
加速度
力度
質量
這被認為是牛頓最重要的發現呢。
套用在滑梯上，拉動的力是重力，質量則是人體重量。
大剛的確可從重力中獲得較大拉力，但同時他的質量較大，兩者互相抵消。質量較小的小松獲得的拉力則較小，結果兩人加速度不變。
摩擦力
加速＝力↑／質量↑
重力
雖然還有空氣阻力等外在因素影響，但因為人體重量相對分別不大，所以不用考慮。
同樣道理，較重一方的摩擦力也較大，結果也與下滑的力抵消了。
對了！是摩擦力！
甚麼？

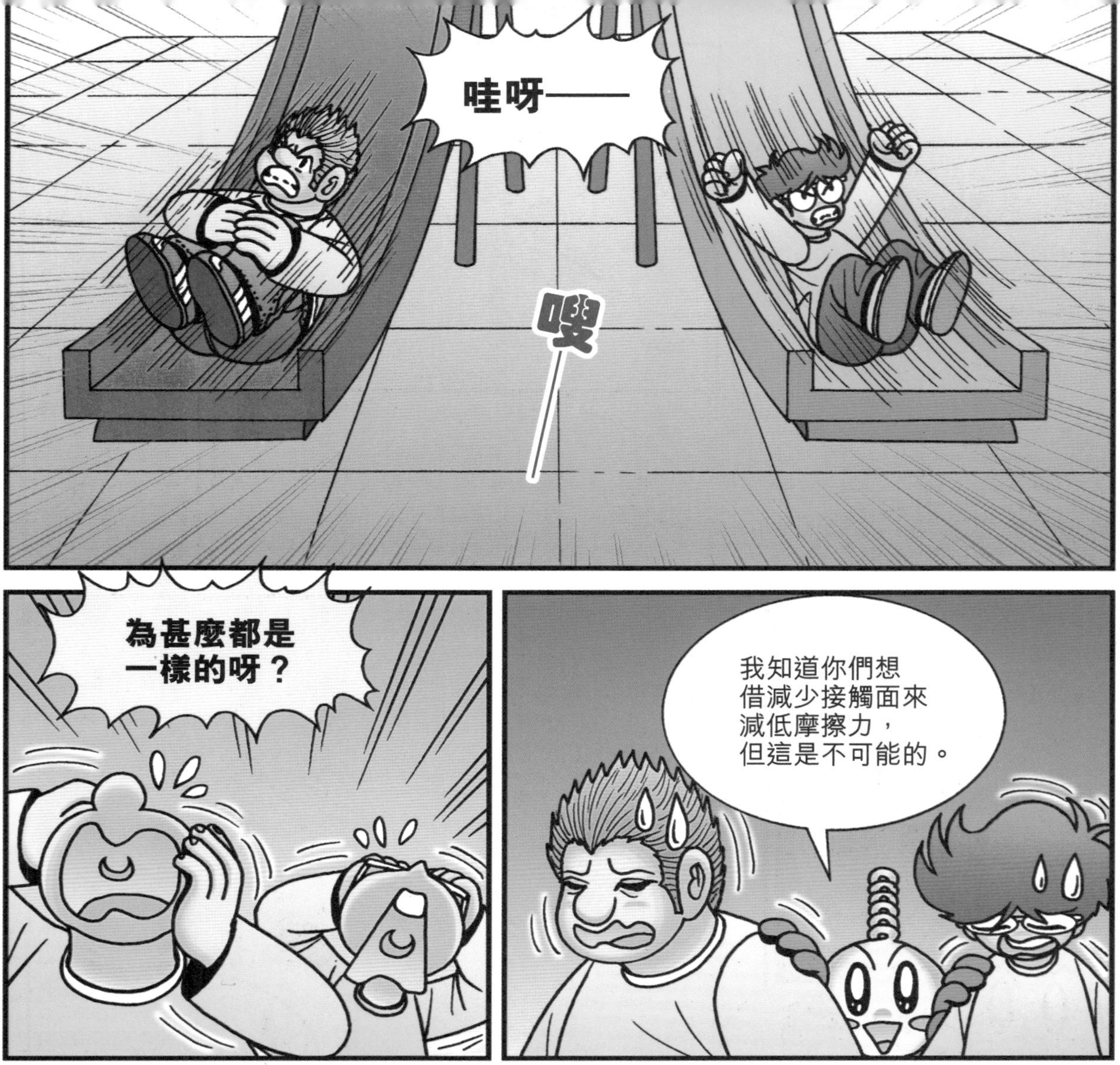

摩擦力

摩擦力的大小，
是由重量和接觸面的
質地順滑度決定。

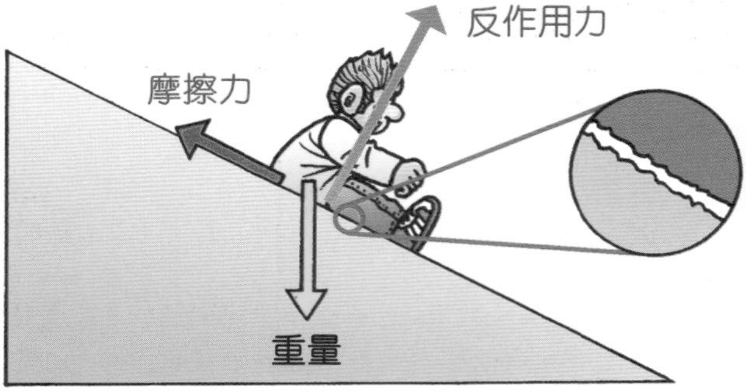

重量平均分佈接觸面，
所以摩擦力不變。

接觸面越大，
重量實際上會平均
分配在整個面積，
所以物件重量沒改變的話，
摩擦力仍不會變。

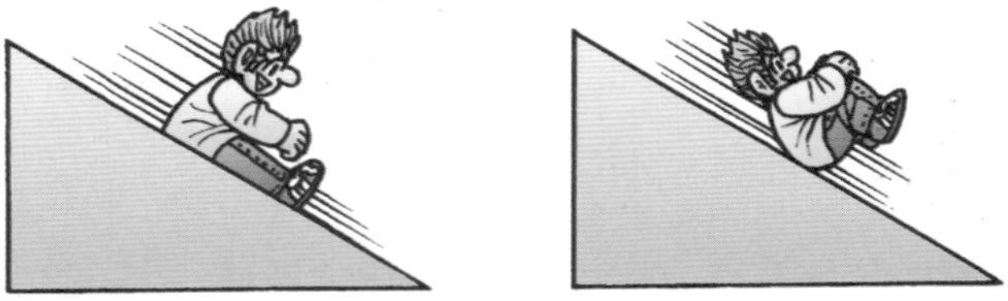

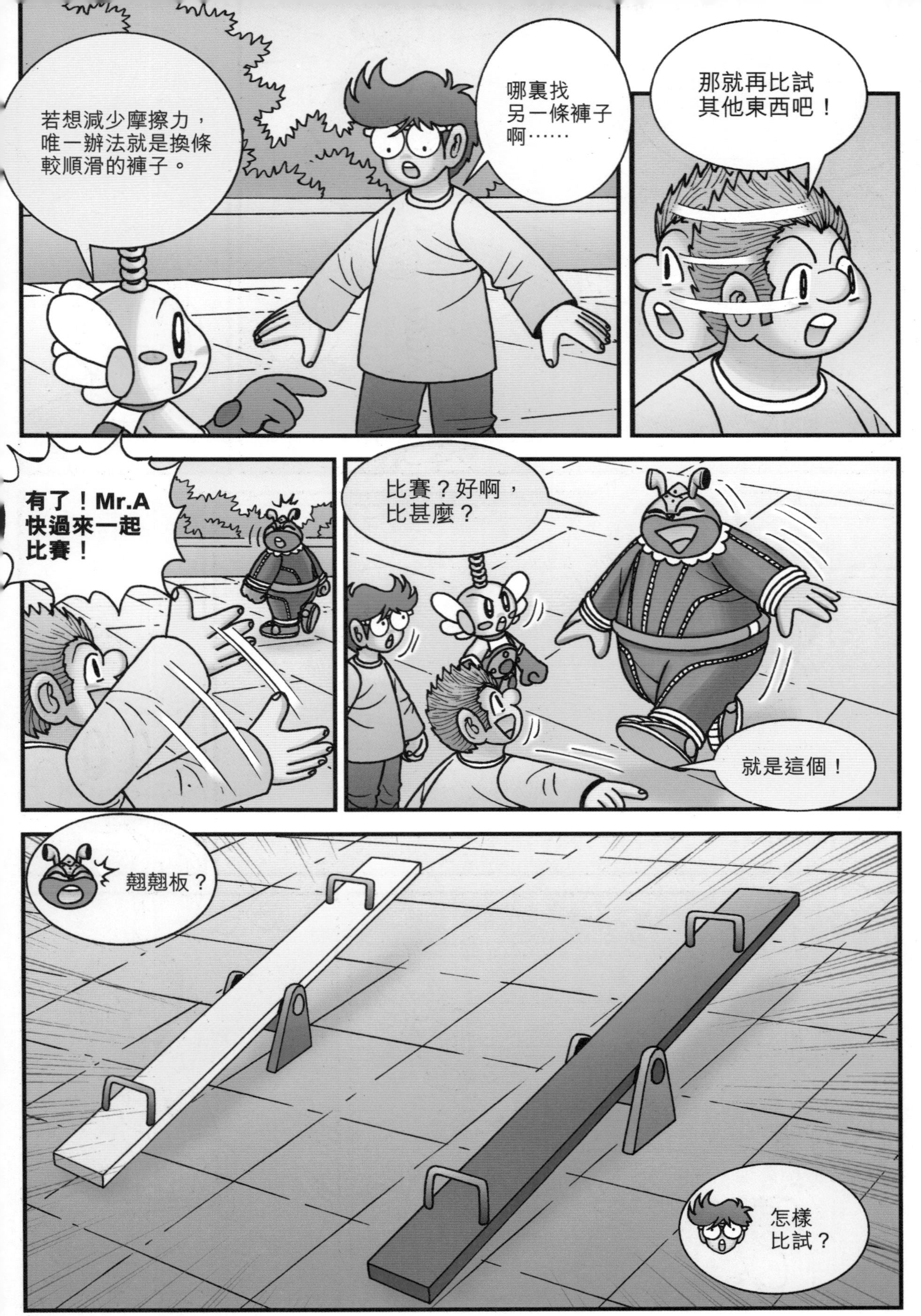
若想減少摩擦力，
唯一辦法就是換條
較順滑的褲子。
哪裏找
另一條褲子
啊……
那就再比試
其他東西吧！
有了！Mr.A
快過來一起
比賽！
比賽？好啊，
比甚麼？
就是這個！
翹翹板？
怎樣
比試？

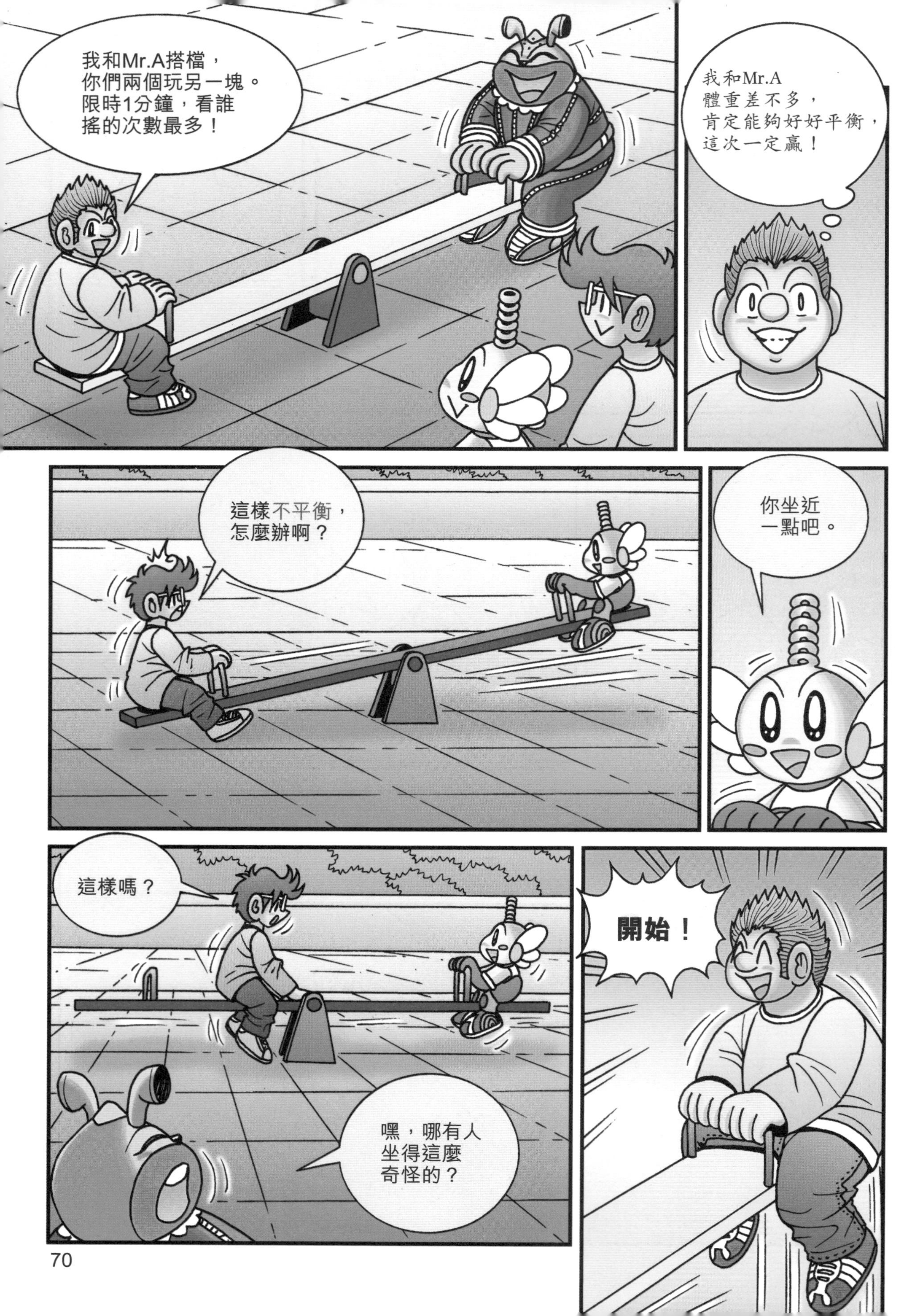
我和Mr.A搭檔，
你們兩個玩另一塊。
限時1分鐘，看誰
搖的次數最多！
我和Mr.A
體重差不多，
肯定能夠好好平衡，
這次一定贏！
這樣不平衡，
怎麼辦啊？
你坐近
一點吧。
這樣嗎？
嘿，哪有人
坐得這麼
奇怪的？
開始！

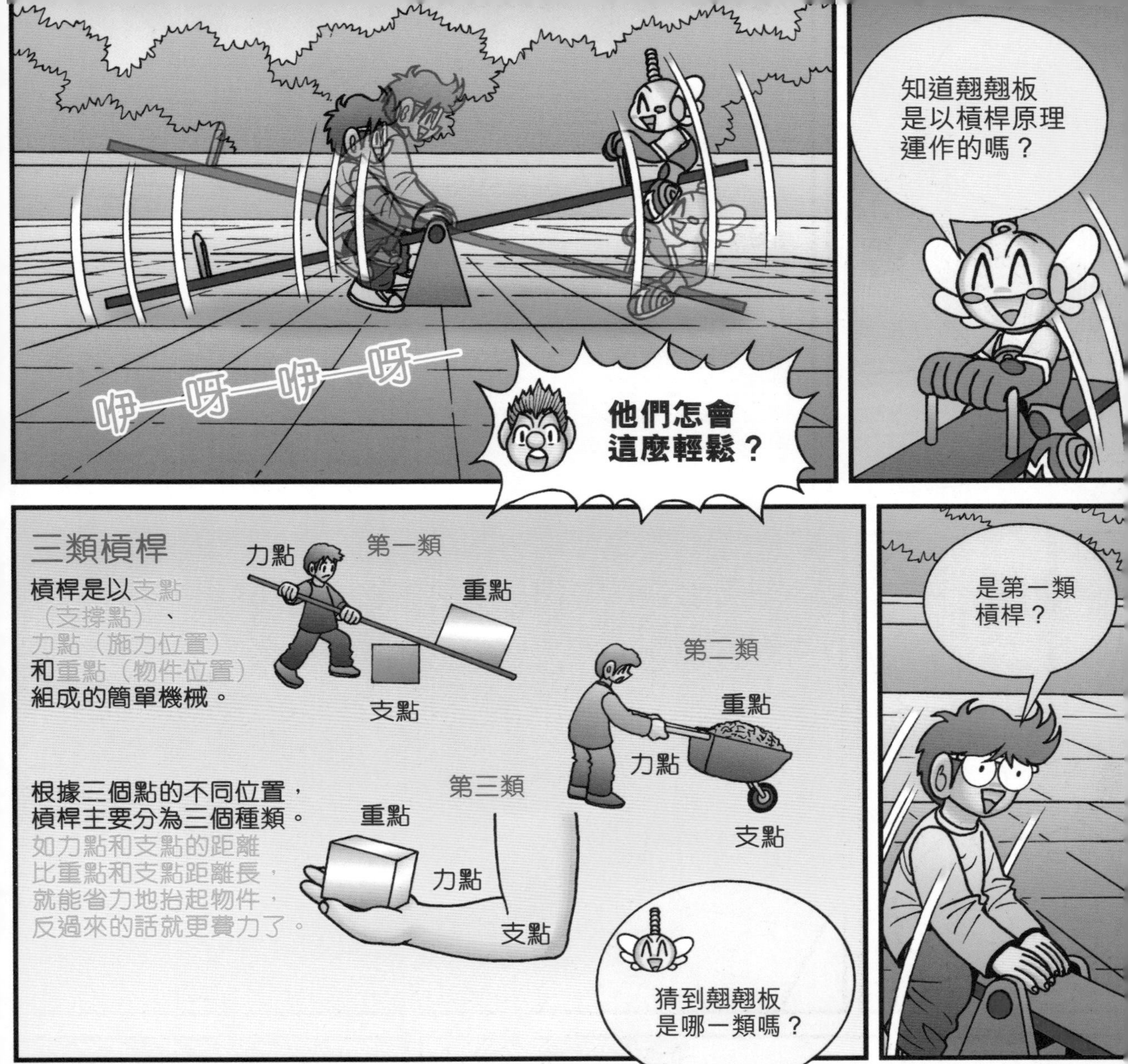

咿—呀—咿—呀—
他們怎會這麼輕鬆？
知道翹翹板是以槓桿原理運作的嗎？
三類槓桿
槓桿是以支點（支撐點）、力點（施力位置）和重點（物件位置）組成的簡單機械。
第一類
力點
重點
支點
第二類
重點
力點
支點
根據三個點的不同位置，槓桿主要分為三個種類。如力點和支點的距離比重點和支點距離長，就能省力地抬起物件，反過來的話就更費力了。
第三類
重點
力點
支點
猜到翹翹板是哪一類嗎？
是第一類槓桿？

*有關槓桿原理的詳細解說，可參閱《兒童的科學》第179期P.5。

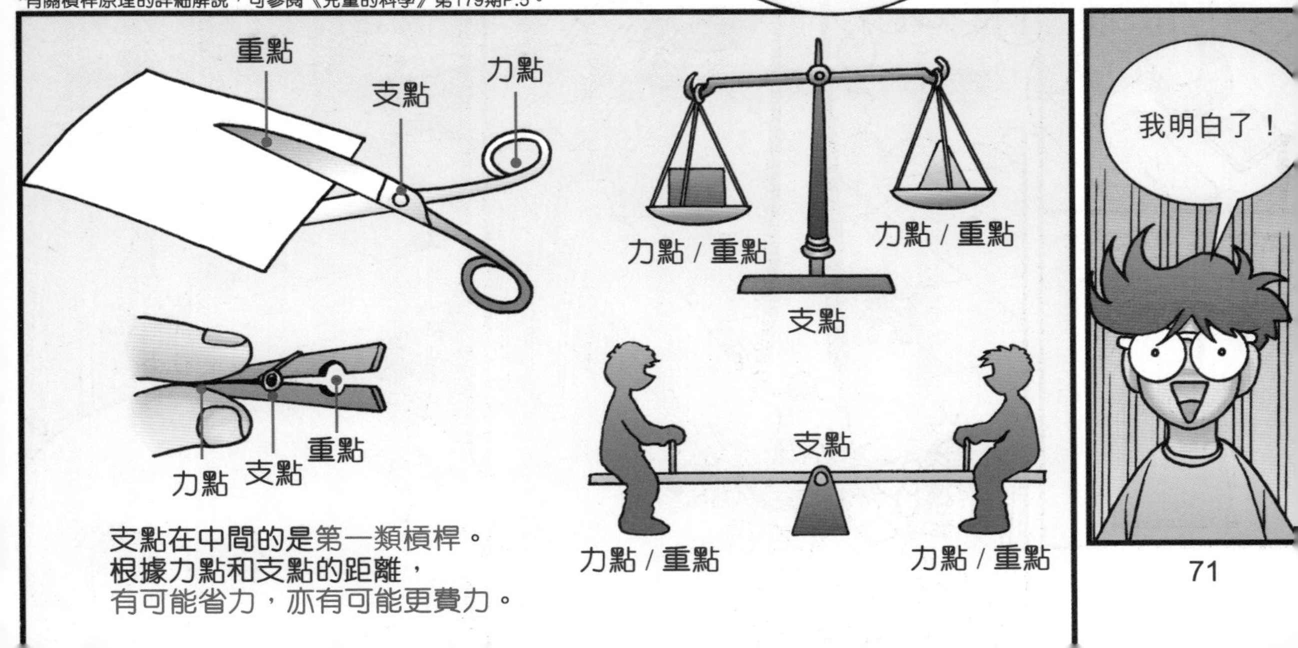

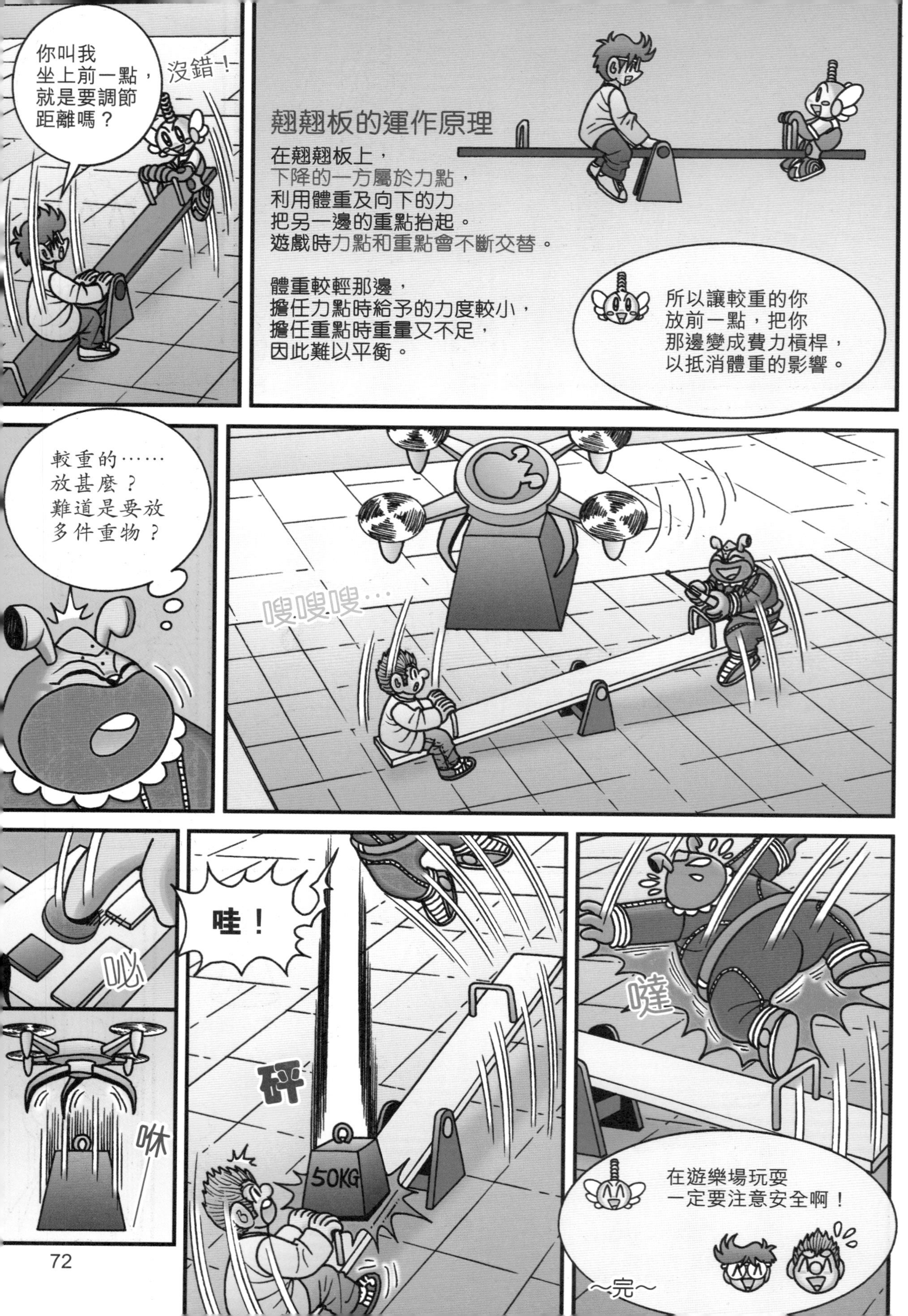
你叫我
坐上前一點，
就是要調節
距離嗎？
沒錯！
翹翹板的運作原理
在翹翹板上，
下降的一方屬於力點，
利用體重及向下的力
把另一邊的重點抬起。
遊戲時力點和重點會不斷交替。
體重較輕那邊，
擔任力點時給予的力度較小，
擔任重點時重量又不足，
因此難以平衡。
所以讓較重的你
放前一點，把你
那邊變成費力槓桿，
以抵消體重的影響。
較重的……
放甚麼？
難道是要放
多件重物？
嗖嗖嗖…
吣
咻
哇！
砰
50KG
嗟
在遊樂場玩耍
一定要注意安全啊！
～完～

兒童的科學 NO.181

請貼上
HK$2.0郵票
只供香港
讀者使用

香港柴灣祥利街9號
祥利工業大廈2樓A室
兒童的科學編輯部收

有科學疑問或有意見、
想參加開心禮物屋，
請填妥問卷，寄給我們！

▼請沿虛線向內摺

請在空格內「✔」出你的選擇。

我購買的版本為：01 □實踐教材版 02 □普通版

給編輯部的話

我的科學疑難/我的天文問題：

開心禮物屋： 我選擇的禮物編號

有關今期內容

Q1：今期主題：「拼砌迷宮學幾何空間」

03 □非常喜歡 04 □喜歡 05 □一般 06 □不喜歡 07 □非常不喜歡

Q2：今期教材：「摩天輪彈珠迷宮」

08 □非常喜歡 09 □喜歡 10 □一般 11 □不喜歡 12 □非常不喜歡

Q3：你覺得今期「摩天輪彈珠迷宮」的組合方法容易嗎？

13 □很容易 14 □容易 15 □一般 16 □困難

17 □很困難（困難之處：＿＿＿＿＿＿＿＿＿） 18 □沒有教材

Q4：你有做今期的勞作和實驗嗎？

19 □爆彈熊貓 20 □實驗1：試作簡易豆腐

21 □實驗2：石膏手工

請沿實線剪下

請沿實線剪下

問卷

請以膠水封口

請以膠水封口

讀者檔案

姓名：	男 女	年齡：	班級：
就讀學校：			
居住地址：			
	聯絡電話：		

讀者意見

A 科學實踐專輯：迷宮花園的詛咒
B 海豚哥哥自然教室：擅長奔跑的馬
C 科學DIY：爆彈熊貓
D 科學實驗室：石膏工作坊
E IQ挑戰站
F 大偵探福爾摩斯科學鬥智短篇：金璽的詛咒（1）
G 開心禮物屋
H 科技新知：植物：告訴你，我口渴了！
I 誰改變了世界：電腦先驅（上）——巴貝奇&愛達
J 地球揭秘：泥沙飄移之旅
K 讀者天地
L 科學快訊：新型肺炎救地球？
M 曹博士信箱：如果世上沒有細菌和病毒的話會怎樣？
N 數學研究室：地鐵站的「畫作」
O WWF特稿：老虎守護者
P 天文教室：無盡驚喜的伽利略衛星
Q 科學Q&A：遊樂場大比拼

*請以英文代號回答**Q5**至**Q7**

Q5. 你最喜愛的專欄：
第 1 位 22 ______ 第 2 位 23 ______ 第 3 位 24 ______

Q6. 你最不感興趣的專欄： 25 ______ 原因：26 ______

Q7. 你最看不明白的專欄： 27 ______ 不明白之處：28 ______

Q8. 你從何處購買今期《兒童的科學》？
29 □訂閱 30 □書店 31 □報攤 32 □便利店 33 □網上書店
34 □其他：______

Q9. 你有瀏覽過我們網上書店的網頁www.rightman.net嗎？
35 □有 36 □沒有

Q10. 你最喜歡看哪類型小說？
37 □動作冒險 38 □魔法奇幻 39 □偵探懸疑 40 □歷史小說
41 □青春校園 42 □戀愛故事 43 □戰爭軍事 44 □未來科幻
45 □體育運動 46 □古裝武俠 47 □其他（請註明）：______

Q11. 你喜歡欣賞哪些《大偵探福爾摩斯》讀物？（可選多於一項）
48 □兒童小說（本篇） 49 □外傳小說 50 □英文小說
51 □漫畫版 52 □電影版 53 □網上遊戲 54 □常識大百科
55 □成語系列 56 □寫作教室 57 □其他（請註明）：______